産業用ネットワークの教科書

IoT時代のものづくりを支える
ネットワークと関連技術

産業オープンネット展準備委員会 編

産業開発機構株式会社

はじめに

　工場現場ではオートメーション技術を進化させることで、より品質の高い製品を、より効率よく、より低価格にまたより安定的に、かつより変化に対応できるよう生産する努力が続けられてきました。そして、オートメーション技術を進化させるため、工場で稼働する多くのメーカの多くの機器・機械がより多くのデータのやり取りを簡単、効率的、安定して通信できるようにと発展してきたのが、「産業用ネットワーク」で、工場オートメーションの基盤技術の1つとなっています。

　本書はこの「産業用ネットワーク」をより普及させるために、以下の目的で編集されました。

1. 産業用ネットワークに興味をもつ方には、マーケットで使われているネットワークの一覧を提供できるような入門書とする。
2. すでに産業用ネットワークを使用されているエンジニアの方には、産業用ネットワークに関連する技術を概観できる書籍とする。
3. 工場の制御とは直接関係がない方にも、工場の通信とIoTなどの関連を参照できるような内容を盛り込む。

　本書では、産業用ネットワークをわかりやすく説明するため、使われている技術を大きく「フィールドバス」、「産業用Ethernet」そして「デバイスバス」に分類しました。

　「フィールドバス」の国際規格であるIEC61158 Part1（2010）をJIS化したJIS TR B0031には、「フィールドバス」の定義として、「概念的には、フィールドバスとは変換器、アクチュエータ、コントローラ（ただしこれらに限定されない）などで例示される産業における制御および計装機器の通信に使用するディジタル、シリアルおよびマルチドロップデータバスである」との記述があります。この考え方ですと、「フィールドバス」の中に本書で説明する「フィールドバス」と「産業用Ethernet」が含まれることになります。

　しかし、産業用ネットワークは、歴史的にみると「フィールドバス」、「産

業用Ethernet」という順番にマーケットに登場したということ、そしていくつかのフィールドバスをサポートする団体は、そのフィールドバスの次世代の規格として産業用Ethernetを作成した経緯があります。

　したがって、あえて「フィールドバス」と「産業用Ethernet」を分けて説明した方がわかりやすいと考えました。そのため、本書の分類はIEC規格とは異なることをご了解いただければと思います。

　2章では、代表的な「フィールドバス」、「産業用Ethernet」、「デバイスバス」について、その特長を読者にわかりやすくまとめるようにしました。また、本書では各産業用ネットワークだけを説明するのでなく、どのようなアプリケーションに産業用ネットワークが使われているか（3章）、産業用ネットワークに関する新しい技術（4章）、そしてトラブルシューティング（5章）についての説明を加えることで、アプリケーション、新技術、保全といった観点からも産業用ネットワークの姿をとらえることができるようにしています。

　本書を企画した産業オープンネット展準備委員会は、多くの産業用ネットワーク普及団体とともに2012年から「産業オープンネット展」を毎年、東京と名古屋または大阪の各2カ所で開催し、最新の工場通信の技術の普及に尽力してきています。以下の協会が2018年の共催協会です（50音順）。

　IO-Link コミュニティ ジャパン

　EtherCAT Technology Group

　FDT グループ 日本支部

　ODVA 日本支部

　ORiN 協議会

　Sercos アジア 日本事務所

　一般社団法人 CC-Link 協会

　JEMA（日本電機工業会）ネットワーク推進特別委員会

　日本 AS-i 協会

　NPO法人 日本プロフィバス協会

　MECHATROLINK 協会

　本書はこの産業オープンネット展に関連する協会、企業の方と、また本書

の趣旨にご賛同いただけた方の協力を得て作られました。各章の執筆者を以下に示します。

1章　歴史とマーケット

日本プロフィバス協会／元吉伸一

2章　ネットワークの種類

2-1-1　CC-Link　　　　　　CC-Link協会／儘田佳幸

2-1-2　DeviceNet　　　　　ODVA日本支部／鶴岡正敏

2-1-3　PROFIBUS DP　　　日本プロフィバス協会／元吉伸一

2-2-1　CC-Link IE　　　　　CC-Link協会／儘田佳幸

2-2-2　EtherCAT

EtherCAT Technology Group 日本オフィス／小幡正規

2-2-3　EtherNet/IP　　　　ODVA日本支部／石川晶浩

2-2-4　FL-net

JEMA ネットワーク推進特別委員会／酒井悟史

2-2-5　MECHATROLINK

MECHATROLINK協会／佐藤辰彦、池田　源

2-2-6　MODBUS TCP/IP　株式会社エム・システム技研／久保哲也

2-2-7　Sercos　　　　　　　Sercos アジア 日本事務所／永岡ゆかり

2-2-8　PROFINET　　　　　日本プロフィバス協会／元吉伸一

2-3-1　AS-Interface　　　　日本AS-i協会／仲野泰央

2-3-2　IO-Link　　　　　　IO-Link コミュニティジャパン／元吉伸一

2-4-1　FOUNDATION Fieldbus

日本フィールドコムグループ・早稲田大学理工学術院総合研究所／
森岡義嗣

2-4-2　HART

日本フィールドコムグループ・早稲田大学理工学術院総合研究所／
小川修一、津金宏行

2-4-3　PROFIBUS PA　　　日本プロフィバス協会／元吉伸一

iii

3章　産業用ネットワークを使うアプリケーション

3-1　制御　　　　　　　　　　日本プロフィバス協会／元吉伸一

3-2　アラーム　　　　　　　　日本プロフィバス協会／元吉伸一

3-3　安全　　　　　　　　　　シーメンス株式会社／雨宮祐介

3-4　モーション制御　　　　　三菱電機株式会社／古立智之

3-5　エネルギー管理　　　　　シーメンス株式会社／福田英男

3-6　アセット管理、パラメータ設定　　　FDT Group 本部／竹内徹夫

3-7　ロボットにおける産業オープンネットの使われ方
　　　　　三菱電機株式会社／坂井俊介

3-8　NC　　　　　　　　　　三菱電機株式会社／水上裕司

3-9　映像　　　　　　　　　　キヤノン株式会社／豊田将隆

3-10　ゲートウェイ
　　　　　HMS インダストリアルネットワークス株式会社／佐藤　卓

4章　新しい技術とのかかわり

4-1　セキュリティ
　　　　　NTT コミュニケーションズ株式会社／境野　哲

4-2-1　Azure　　　　　　　　日本マイクロソフト株式会社／村林　智

4-2-2　Edgecross コンソーシアム　　　Edgecross コンソーシアム／森　浩嗣

4-2-3　FDT による IoT の実現に向けて　　　FDT Group 本部／竹内徹夫

4-2-4　OPC　　　　　　　　　日本 OPC 協議会／大野敏生

4-2-5　ORiN　　　　　　　　　ORiN 協議会／米山宗俊

4-3-1　TSN　　　　　　　　　日本プロフィバス協会／元吉伸一

4-3-2　APL　　　　　　　　　日本プロフィバス協会／元吉伸一

5章　設置と管理―トラブルシューティング

5-1　RS-485　　　　　　　　日本プロフィバス協会／元吉伸一

5-2　Ethernet　　　　　　　日本プロフィバス協会／元吉伸一

5-3　無線　　　　　　　　　　シーメンス株式会社／原田光雄

ご多忙の中、原稿をお引き受けいただいた皆様のご協力に感謝します。

最初に書きましたように、「産業用ネットワーク」は工場オートメーションの基盤技術です。本書がIoTを含めて、あらゆるオートメーションに関心を持つ方のお役に立てればと祈念します。

　　　　　　　産業オープンネット展準備委員会　元　吉　伸　一

目　次

はじめに ……………………………………………………………………………………… i

1章　歴史とマーケット ……………………………………………… 1

1-1　産業用ネットワークとは ……………………………………………… 2
1-2　オープンなネットワーク ……………………………………………… 2
1-3　産業用ネットワークの歴史 …………………………………………… 5
1-4　産業用ネットワークのマーケット …………………………………… 11
1-5　どのように産業用ネットワークを選ぶか？ ………………………… 13

2章　ネットワークの種類 …………………………………………… 17

2-1　フィールドバス ………………………………………………………… 18
　　2-1-1　CC-Link ……………………………………………………… 18
　　2-1-2　DeviceNet …………………………………………………… 23
　　2-1-3　PROFIBUS DP ……………………………………………… 25
2-2　産業用 Ethernet ……………………………………………………… 30
　　2-2-1　CC-Link IE ………………………………………………… 30
　　2-2-2　EtherCAT …………………………………………………… 36
　　2-2-3　EtherNet/IP ………………………………………………… 42
　　2-2-4　FL-net ………………………………………………………… 46
　　2-2-5　MECHATROLINK …………………………………………… 51
　　2-2-6　MODBUS TCP/IP …………………………………………… 56
　　2-2-7　Sercos ………………………………………………………… 58
　　2-2-8　PROFINET …………………………………………………… 64
2-3　デバイスバス …………………………………………………………… 70
　　2-3-1　AS-Interface ………………………………………………… 70
　　2-3-2　IO-Link ……………………………………………………… 75
2-4　プロセス・オートメーション用 ……………………………………… 81
　　2-4-1　FOUNDATION Fieldbus …………………………………… 81
　　2-4-2　HART ………………………………………………………… 84
　　2-4-3　PROFIBUS PA ……………………………………………… 95

3章　産業用ネットワークを使うアプリケーション …………… 99

3-1　制御 ……………………………………………………………… 100
3-2　アラーム ………………………………………………………… 105
3-3　安全 ……………………………………………………………… 109
3-4　モーション制御 ………………………………………………… 116
3-5　エネルギー管理 ………………………………………………… 120
3-6　アセット管理、パラメータ設定 ……………………………… 125
3-7　ロボットにおける産業オープンネットの使われ方 ………… 133
3-8　NC ………………………………………………………………… 137
3-9　映像 ……………………………………………………………… 140
3-10　ゲートウェイ …………………………………………………… 144

4章　新しい技術とのかかわり …………………………………… 151

4-1　セキュリティ …………………………………………………… 152
4-2　産業用ネットワークを使って IoT を実現するために ……… 160
　4-2-1　Azure ………………………………………………………… 160
　4-2-2　Edgecross コンソーシアム ……………………………… 166
　4-2-3　FDT による IoT の実現に向けて ………………………… 171
　4-2-4　OPC …………………………………………………………… 177
　4-2-5　ORiN …………………………………………………………… 181
4-3　新しい技術 ……………………………………………………… 186
　4-3-1　TSN（Time Sensitive Networking）………………… 186
　4-3-2　APL（Advance Physical Layer）……………………… 189

5章　設置と管理──トラブルシューティング ……………… 193

5-1　RS-485 …………………………………………………………… 194
5-2　Ethernet ………………………………………………………… 197
5-3　無線 ……………………………………………………………… 203

おわりに ……………………………………………………………… 207
索　引 ………………………………………………………………… 210

vii

【表記のブレについて】

言葉の表記について、いくつかのブレがあります。例として以下があります。

イーサネット	Ethernet
センサー	センサ
ベンダー	ベンダ
トポロジー	トポロジ
インターフェース	インタフェース
マスター	マスタ
従って	したがって
様々	さまざま
例えば	たとえば

　表記は各協会、会社の取り決めまたは個人の考えがありますので、本書では統一していません。

【登録商標について】

- DeviceNet、EtherNet/IP は ODVA（ODVA, Inc.）の商標です。
- EtherCAT および EtherCAT P は、Beckhoff Automation GmbH（ドイツ）よりライセンスを受けた特許取得済み技術であり登録商標です。
- Ethernet、イーサネットは富士ゼロックス株式会社の日本における登録商標です。
- FDT、DTM、FRAME、FITS は FDT Group の登録商標です。
- FOUNDATION Fieldbus、HART は FieldCom Group の登録商標です。
- INTERBUS は Phoenix Contact 社の登録商標です。
- MECHATROLINK は MECHATROLINK 協会の商標です。
- Microsoft, Windows は米国 Microsoft Corporation の米国およびその他における登録商標です。
- SERCOS は The Interests Group SERCOS interface e. V. の登録商標です。
- その他の記載されている団体名、会社名と製品名につきましては、各団体、各会社の登録商標または商標です。
- 本文中の各社の登録商標または商標には、TM、®等は表示していません。

産 業 用 ネ ッ ト ワ ー ク の 教 科 書

1章
歴史とマーケット

1-1　産業用ネットワークとは

1-2　オープンなネットワーク

1-3　産業用ネットワークの歴史

1-4　産業用ネットワークのマーケット

1-5　どのように産業用ネットワークを選ぶか？

1-1 産業用ネットワークとは

現代は、人と人、人とモノ、モノとモノが「つながる時代」と言われています。そして、私たちは新聞、雑誌、テレビなどで、「ネットワーク」という言葉をよく見つけたり、耳にしたります。「ネットワーク」という言葉から、人と人のつながりである人脈のようなネットワークとか、電気回路のネットワーク、または鉄道とか道路の交通ネットワークを思い浮かべる方も多いでしょう。

本書のタイトルにある「産業用ネットワーク」とは、「工場の現場で稼働するオートメーション機器のデータ・情報を、デジタル通信技術を用いて機器間で通信する（つなげる）技術」です。

工場の中には、モノづくりのため、さまざまなベンダから供給されるたくさんの機器が稼働しています。たとえば、圧力センサ、温度センサ、流量センサ、電圧センサ、距離センサなどのセンサ類もありますし、押し釦、近接スイッチ、光電スイッチなどスイッチ類、さらにはバルブ、モータ、インバータ、ポンプ、ロボット、NC機械など大きな機械、小さな機器がたくさん動いています。

これらの機器、機械は単独で動くこともありますが、工場全体として効率的に運転をしたいなら、機器間、機械間でデータ、情報を交換しながら、動いたほうが良いわけです。産業用ネットワークは、このようなデータ、情報の交換に使われるネットワークです。

1-2 オープンなネットワーク

よく知られているように、ネットワークはそれぞれプロトコル（通信規約）にのっとって動きます。したがって、プロトコルの異なるネットワークの結合は、簡単ではありません。

たくさんの機器と接続できることをアピールするため、多くのベンダは"オープン"または"世界標準"と呼ばれるフィールドバスに対応されている

機器を発売しています。"オープン"という言葉は、時代の先端を感じさせ、魅力的に聞こえます。それでは、「オープンなネットワーク」とは何でしょうか？

産業用ネットワークにおけるオープンとは"機能、インタフェースなどの仕様が公開され、標準化されているために、誰でもその仕様にしたがった製品を開発できる。そのため、異なるベンダの製品間での相互運用性、互換性が高いとされている考え方"と言えるでしょう。重要なことは、"誰でも製品を開発できる"と"相互運用性が高い"ということです。

実は産業用ネットワークと名のつくものでも、コントロール機器ベンダがその会社独自のデジタルネットワークを定義し、使用することもあります。これらの独自ネットワーク（Proprietary networkまたはオープンに対してクローズなネットワークと言われます）とオープンなネットワークが異なるのは、独自ネットワークの場合、接続できる機器がそのネットワーク仕様を開発した会社の機器（特にマスタ機器においては）にほとんど限られ、またそのネットワークの仕様および将来の機能拡張も独自ネットワークを開発したベンダが決定権をもっているという点です。ユーザから見ると、一度独自ネットワークを使ったシステムを採用するとある特定の会社の機器を使い続けなければならなくなります。また、技術革新の早い現代では、その会社がいつそのネットワークを販売停止し、新しいネットワークに乗りかえるのかわからないといったデメリットがあります。その反面、独自ネットワークはそのベンダの製品の特長を最も活かすように設計することができます。ですから、通信の仕様自体が製品の一部であるため、他社の製品との差別化要因となるわけです。

オープンな産業用ネットワークにおいては、ある特定の会社がそのネットワークを所有しているわけではありません。通常、複数の会社にて協会を設立し、その協会がバスの普及活動、認証テスト、仕様変更、機能追加などの運営を行います。そのため、技術仕様が十分に優れ、多くのユーザ、ベンダがサポートしているネットワークなら、特定の会社の戦略に左右されず、ネットワーク技術単体として生き続けることができます。

ユーザサイドから見ると、1つの機器（たとえば、PLCなりリモートI/Oなど）に対して多くのベンダがさまざまな製品を提供しているので、アプリ

ケーションに適した仕様または価格を考慮し、最適な機種を選択できます。あるいは、現在の複雑化したオートメーションでは、1つの会社で工場の自動化に使用される機器を全部供給することは難しくなっています。そんな時に、色々な会社の製品が使えるというのは、大きなメリットです。さらに、ベンダサイドから考えると、通信の規格が決まっているために、本来機器がもつべき特有の機能に開発を集中でき、機器に付属する通信機能は協会またはオープンな産業用ネットワークの通信ボードをサポートする会社から購入すれば良いことになります。

　例をあげると、圧力センサのベンダなら、いかに精密に圧力を検知するかに開発の主眼を置き、検出したデータを通信する機能は汎用のボードを使えるため、最小限の開発工数をかければ良いことになります。オープンな産業用ネットワークでは、通信の仕様が他のベンダより優れている必要はありません。むしろ、簡単に通信できるために、通信の仕様が同じでなくてはならないわけです（他社より優れたものを作るのでなく、他社と同じ物を作るという発想の転換が必要です）。

　オープンな産業用ネットワークの協会は、ユーザサイド、そして、ベンダサイドの複数会社が運営するために、ユーザからのリクエスト、ベンダからの技術提案が常に議論されます。協会の活発な活動が、新しい技術を導入ですとか、業界の活性化にもつながっています。

　オープンな産業用ネットワークと独自バスの選択の違いは、"誰にでも使えるものを作るか？"と"最も性能の良いものを作るか？"との違いです。車で例えるなら、一般用の車でしたら、どこのメーカの車でも運転免許があれば、誰でも運転できます。これらの車は誰でも運転できるように作ってありますから、必ず、ブレーキ、アクセル、ハンドルなどが、決められた場所にあります。しかし、工事現場の建設用の車輌など、特別の機能が要求される車では、一般の運転免許で運転できません。ここでは単に一般の道路を運転するだけでなく、異なる機能が求められるのです。ベンダ（メーカ）は、一般車の仕様の範囲内でできるだけ使いやすい車を作ることがターゲットになります。

　オープンな産業用ネットワークと独自ネットワークの場合の使い分けは明確です。オープンなフィールドバスで使えるアプリケーションはオープンな

産業用ネットワークを使えばいいのです。アプリケーションの許す範囲で
オープン・ネットワークを使った方が、多くのメリットを享受できます。注
意していただきたいのは、現在のオープンな産業用ネットワークはほとんど
のアプリケーションをカバーできますが、すべてのアプリケーションに対応
できるわけではありません。特別の高精度を要求されたり、高速を要求され
たりするなど、特殊仕様が要求される分野には、独自ネットワークを使うこ
とになります。

1-3 産業用ネットワークの歴史

1）フィールドバスのはじまり（1980年代から）

　産業用ネットワークはデジタル通信技術ですので、コンピュータが世の中
で使われ始めてから、その普及が始まりました。工場現場の制御にコンピュー
タが使われだしたのは1970年代後半から1980年代前半くらいからです。産
業用ネットワークが概念として出てきたのは、1980年代半ばからでした。初
めのころ、産業用ネットワークはフィールドバスという言葉で呼ばれていま
した。

　注意すべき点は、フィールドバスはファクトリー・オートメーション（FA）
産業とプロセス・オートメーション（PA）産業で別々に発展してきました
（FAとPAについては、次項で説明します）。

　FA産業のフィールドバスとしては、本書では以下を取り上げています。

1)　1987年からドイツのなかで約20社の会社が参加したオープンフィー
　　ルドバス作成のプロジェクトにより1989年に完成したPROFIBUS
2)　1994年にアメリカのAllen Bradley社により、CANをベースとして、
　　FA向けに作られたDeviceNet
3)　1996年に日本の三菱電機が発表したCC-Link

　フィールドバスとマーケットで呼ばれるネットワークの種類は、実はもっ
と多くて、1990年代の半ばには、40種類以上のフィールドバスが並立してい

たともいわれます。たとえば、PROFIBUSより歴史の古いフィールドバスとしては、1983年にドイツのBosch社がプロトコルの開発を開始し、1986年にリリースしたCAN busとか、ドイツのフエニックスコンタクト社が1987年に提唱したINTERBUSなどがあります。それぞれのフィールドバスは異なるプロトコルで動くわけですが、これらのネットワークの多くは主にRS-485の技術を物理層に採用しているという共通項がありました。

ただし、RS-485技術で動くフィールドバスとは別に、プロセス産業ではフィールドバスが別の形で発展してきました。

プロセス産業ではIEC61158-2を採用したフィールドバスとして、1999年に仕様が確定したFOUNDATION Fieldbusと1996年に発表されたPROFIBUS PAとが使われています。

さて、1990年くらいまでに発表されたフィールドバスは、従来使用されていた空気信号とか電気信号の置き換えとして、制御用データをデジタルで通信する機能が主な役割でした。その当時、フィールドバスを工場に導入することで、ユーザに以下のようなメリットが期待できるとされていました。

①データをデジタル信号で表現することで信号の精度が増し、良い制御が期待できる

フィールドバスが普及を始めた時点で、すでに多くの制御演算機器（PLC、DCS）はマイクロプロセッサを搭載し、制御演算をデジタルで行っていました。つまり、現場機器からの信号をアナログ（電流、電圧）で受け取っても、この値をデジタル信号に変換しなければ演算できませんでした。

デジタル通信を使えば、デジタル値をそのまま現場機器と制御機器間で渡すことができますので、変換の誤差がなくなり、制御の高度化が期待できるようになりました。

②配線関連のコスト削減

当時フィールドバスを使用する最も大きなメリットといわれたのが、配線関連コストの削減でした。

アナログ信号の伝送では、現場機器から1対（プラスとマイナス）の電線がそれぞれ制御機器に配線されなければなりません。つまり、現場機器が1

万台あれば、1万対の配線が必要になります。ところがデジタル通信では、いわゆる多重化（複数のデータを時系列に送る）により、1本の配線に複数の現場機器を接続できます。多くのフィールドバスでは32個から126個程度の機器がスレーブとして接続可能でしたので、配線コスト、中継のコスト、またはチェックコストが画期的に削減できると期待されました。ドイツのビール会社は同じ大きさの発酵タンク、貯蔵タンクの制御・監視アプリケーションにアナログ信号とフィールドバスを使用したときの配線関連コストは40％以上減ったと報告しています。

2）デジタル通信を使うメリット（1990年代後半から）

1990年代の後半になると、マイクロプロセッサの小型化、低価格化が進んできて、今まで機械的に動作してきた現場機器がマイクロプロセッサを搭載する、いわゆる「現場機器のインテリジェント化」が進んできました。

「現場機器のインテリジェント化」とは、マイクロプロセッサを使い演算機能、データ保存機能等を現場機器内にもつことであり、たとえばセンサから得られた信号を加工（流量値の温圧補正等）したり、現場機器の中にパラメータを設定したりすることで上限警報、下限警報を発生させたりなど、単なる測定値の送出、操作値の受け取りだけでない多くの機能を現場機器に付加することでした。

インテリジェント化した現場機器では演算のためにパラメータが必要になります。当時はパラメータを設定するために、現場機器にパラメータ設定用ボタンを取り付け、直接人間の手で現場機器からパラメータを入力していました。このような手順は手間がかかります。そのうえ、現場機器によっては必ずしもパラメータ入力などの操作しやすい場所に機器が取り付いているわけではありません。したがって、フィールドバスを使って、上位のPCなどからパラメータの設定、監視をしたいという要望が出てきたわけです。

ここでパラメータアクセスは、必ずしも「制御」に使うものではないことに注目してください。工場現場の「制御」とは、（現在の）測定値を（現在の）設定値に追従させるために、（現在の）操作値を変更することです（3章3-1「制御」の説明を参照してください）。インテリジェント化された現場機器に付加された機能は、制御とは直接は関係ないパラメータであることが多

7

いのです。

たとえば、制御機器は現在の温度の値を知りたいのであり、現場機器がA社製の温度センサか、またはB社製のセンサであるかは問題ではありません。ところが、管理の面からみると、現場で使っている温度センサがA社製かB社製かは、補用品の問題などを含めて、知っておかなければいけない情報となります。

さらに、管理データを活用するとき、必要なのは現在の値だけでなく、1年前とか2年前の過去のデータを参照することもあるわけです。多くのコントローラはデータの保存は得意ではありません。

結果として、パラメータ、管理データは制御機器では扱いにくいので、PCまたはエンジニアリングステーションで取り扱うことが多くなりました。

すると、工場現場のデジタル通信の役目が、現場機器と制御演算機器間での周期的なデータのやり取りを行うためだけから、現場機器と（制御でない）管理データを取り扱うPC・エンジニアリングステーションとの通信を実現するためという役割も含むようになってきたわけです。

つまり、現場機器のインテリジェント化が進むにつれ、現場機器のもつ情報が制御だけでなくほかのアプリケーションからもアクセスされるようになってきたわけで、フィールドバスはその新しい情報を活用する一助を担ってくるようになりました。

3）産業用Ethernetの登場

産業用ネットワークとは別の分野となりますが、2000年に近くなると、私たちのオフィス、または生活の中でPC、インターネット、Eメール、携帯、スマホなどによるデジタル通信がどんどん浸透してきました。いまや、私たちは自宅にいながら、世界中の人とテレビ電話で話をしたり、最新のニュース映像を見たり、音楽ファイルなどダウンロードしたりすることができるようになっています。

このようにデジタル通信が広く普及した1つの要因として、Ethernet、そしてTCP（UDP）/IPをベースとした通信技術の進化があることはご理解いただけると思います。

工場の中でも、管理用通信としてEthernetは使われていましたので、多く

のコントローラ（PLC）はEthernet接続が可能でした。この汎用性に注目して日本で作られた産業用ネットワークがFL-netです。

　また、産業用ネットワークの場合、速度だけを考えてみても、多くのフィールドバスはRS-485の技術を採用していることから、通信の速度は10Mbps、または12Mbps、時には500kbpsが最速であり、1度に送れるデータも、8バイトから244バイトの範囲に限定されていました。

　Ethernetは最も多く使用される通信速度で100Mbps、または1Gbpsであり、一度に送れるデータ量も1,500バイトと大きいわけです。すると「RS-485ではなく、Ethernetを現場通信に使えば、よりパワフルな通信仕様が可能になるはずである」ということで、従来のRS-485通信のフィールドバスよりパフォーマンスを上げることを目的にEthernetを使用した産業用ネットワークが開発され、「産業用Ethernet」または「Real-time Ethernet」と呼ばれました。RS-485からEthernet化した例（それだけでなないのですが）として、CC-Link IEとかMODBUS TCPなどがあります。

　もっと詳しく見てみると「パフォーマンスを上げる」とは、2つのことを示します。

　1つは、より高速性を要求する通信に応えようとすることです。

　本書の3章に説明するモーション制御への適用はその例となります。また、モーション制御用としてスタートした産業用Ethernetの例は、EtherCAT、MECHATROLINK-4、SercosⅢなどがあります。

　また、もう1つの考え方は、TCP/IPに代表される汎用のIT（Information Technology）をそのまま工場現場にも導入したいということでした。この考えはEtherNet/IP、PROFINETに見られます。

　たとえば、オフィスなどでは機器（PC、プリンタなど）の追加が頻繁に行われます。するとネットワーク上にどのような機器がつながっているかを人手で調べるのが難しくなることもあります。人間が調べるのでなく、機器自らが自身の情報を隣の機器に送信して、各機器に隣接機器のデータをもたします。そのデータを順番にたどっていけば自動的にネットワークの機器構成を調べることができてしまうわけです。このような機能はEthernetの標準機能の1つであるので、そのまま工場現場でも便利に使えるのではないでしょうか？

また、ネットワーク診断用ツールはオフィスのネットワークの中で多く使われ、通信ラインの負荷、アドレスの割り当て表示、通信エラーの報告などをしています。通信状態の表示はhttp通信で機器から提供できれば、PC・スマホのブラウザでそのまま見ることができます。

　IT技術は、工場のオートメーション技術とは別の分野で発展しています。そのような最新のIT技術をそのまま工場で使えるデジタル通信のインフラを工場現場でもつことは、保全と管理の上で大きなメリットとなると考えたわけです。

4）工場内のすべての機器をデジタルでつなげる（2010年以降）

　2015年にドイツ工学アカデミー（AcaTech）のthe Industrie 4.0 Working GroupがFinal Reportを発表しました。その中で、CPS（Cyber Physical System）という概念が発表され、すべての工場内の機器がデジタル通信でつながり、その情報を活用するメリットが指摘されました。

　よく「センサ1個が故障しても、ラインが止まることがある」と言われます。このとき、故障したセンサがどのベンダの、どのモデルの、どのバージョンであるかが、あらかじめわかっていれば、前もってセンサの補用品を用意することもできるし、また故障しても補用品があれば、すぐに交換できます。

　しかし、大きな工場では数千個、数万個の数のセンサが稼働しています。これらのセンサ情報を故障、交換、更新などの記録をアップデートしながら、人手で集めて、また、正確に保存するのは、ほとんど不可能に近いでしょう。ただし、センサは自分でそのような情報をもっているので、（安く）デジタル通信をつなぐことができれば、自動的に正確な情報収集ができるはずと考えたわけです。

　産業用Ethernetがマーケットで広く受け入れられたこともあり、「汎用のEthernet通信を工場現場で使う」という方向はマーケットから賛同を得られていると思います。しかし、「工場内のすべての機器をデジタル通信でつなげたい」という要望に対し、すべての機器をEthernetだけを使って接続するにはまた別の障害がありました。

　つまり、現実の問題として、現場機器（特にFAで使用されている）には比較的価格の安いものが多い（数千円から数万円程度）ということです。そ

のような現場機器に産業用Ethernetの機能を搭載させると通信機能だけで価格が高くなりすぎ、機器としての競争力が失われてしまうのです。

　実際のユーザからの要望は「機器はデジタル通信機能をもちながらも、価格はできるだけ抑えて欲しい」でした。早くから「安く、簡単に」という機能を中心にマーケットでアピールしたのはAS-iがあります。そして、2006年にはIO-Link（アイオーリンク）の仕様が発表されました。しかし多くの場合、AS-i、IO-Linkだけで産業用ネットワークを構成することはありません。AS-i、IO-Linkはフィールドバス、産業用Ethernetと組み合わせてネットワーク構成の最下層部となります。

1-4 産業用ネットワークのマーケット

　工場のオートメーションはよくファクトリー・オートメーション（FA）とプロセス・オートメーション（PA）に分けられると言われます。

　FAは組み立て産業または機械産業向けのオートメーションであり、マニュファクチャリング・オートメーションまたはディスクリート・オートメーションとも呼ばれます。具体的には、自動車、家電などの産業で部品を組み立て、加工し製品として仕上げるオートメーションを言います。FAのラインでの典型的な検出データは、接点（リミットスイッチ、近接センサ、光電センサ等）、個数（カウンタ）、色、などの接点データが多く、回転数、位置、バーコード、温度、圧力などのアナログデータが多少あります。コントローラとしてはPLCを使うことがほとんどです。

　PAは素材産業向けのオートメーションで石油、石油化学、鉄、紙などが典型的な産業です。原料を蒸留、合成、精製して製品を作るオートメーションともいえます。主な検出データは流量、圧力、温度、レベル、濃度等のアナログデータが多いのが特徴です。コントローラはDCSを使うことが多いようです。

　ただし、医薬品、食品などの産業は前工程がPAで、後工程がFAであることが多く、これはFAまたはPAといちがいに決めつけるのは難しい産業もあります。例をあげると、ビール工場の場合、醸造タンクでビールを作るまで

11

は前工程です。そして、瓶つめ、出荷が後工程となります。さらに言うなら、化学、紙、鉄等でも製品を出荷するときは、袋つめなど、個数の単位で数えることが多く、FAの要素が入ってきます。

　産業用ネットワークはFAとPAのマーケットで別々に成長をしてきました。これは、以下の理由により、求められるネットワークの機能、性格に違いがでたからです。

(1) FAの制御機器の原点はリレー制御であり、制御信号はリレーと接続される接点信号が主体であったのに対して、PAのもともとの制御機器はパネル計器であり、温度、圧力、流量、レベルなどのアナログデータとコントロールバルブへのアナログデータが制御信号となっていました。つまり、主に取り扱う信号の種類が違っていました。

(2) 操作端で変更した操作量により測定値が変化するまでの時間をシステムの応答時間といいます。制御するシステムの応答時間がFAでは高速であるため、制御用のPLCは10msec程度の早い周期で制御を繰り返します。FAで使うネットワークには同様の早い周期でのデータ更新が要求されました。PAでは、DCSの制御周期が1秒周期程度ですので、使われるネットワークのデータ更新も1秒くらいで良いとされています。

(3) FAが得意な機器ベンダとPAが得意な機器ベンダがおり、それぞれのベンダはあまり一致しませんでした。

(4) PAでは安全上から電気を使っても爆発しない（防爆）仕様が求められました。そして、大きな工場に長距離の配線をするときのコストをおさえるため2線式伝送が求められました。このような仕様はFAではあまり要求されませんでした。

　結果として、PA用の産業用ネットワークは、FOUNDATION FieldbusとPROFIBUS PAが残っています。また、ネットワークではありませんが、アナログ信号にデジタルデータを重畳するHART通信もPAでは多く用いられています。

12　　1章　歴史とマーケット

1-5 どのように産業用ネットワークを選ぶか？

　さて、本書でもいくつかのネットワークを解説していますが、これらの中からネットワークを選ぶ基準を参考としてあげます。

　産業用ネットワークが複数あるのは、同じ仕様のものがたくさんあるわけではありません。それぞれのネットワークに歴史があり、仕様があり、価格が違い、そしてサポートベンダがいます。

　ですから、検討点は"現在のアプリケーション、そして将来の拡張を考慮しても、使いたい機能が備わっているか？""コスト面で許容できるか？""将来的なサポートを期待できるか？"が主なポイントです。詳しく見てみると、次の点が挙げられます。

(1) 十分早くデータを通信できるか？

　従来のアナログ通信を使った機器間の1対1通信では、一対のケーブル上には1点のデータしかのっていません。この信号は電圧または電流信号ですので、データは瞬時に通信されるわけです。しかし、複数のデータをデジタル技術を使って送るデジタル通信では原理的に時間の遅れが生じます。そして、この遅れ時間は小さい方がいいわけです。通信のスピードは単純には通信速度（bps; bit per second）により左右されますが、通信のフレーム構成、通信方法（プロトコル）にも関係します。ただ、実際には、産業用Ethernetでは、特別に高速なアプリケーション以外は、ほとんど標準仕様でカバーできるようです。要は、アプリケーションで許容できる通信の遅れがどのくらいか問題となります。

(2) どんな種類のデータをどれだけの量を通信できるか？

　1本のネットワークには、たくさんの種類の機器が接続されています。これらの機器から、接点、アナログ、メッセージ等のデータが通信されます。またアナログといっても、整数型、浮動小数点型、倍精度浮動小数点型等色々な種類があります。また、最近はビジョン信号のやり取りをするアプリケーションもあり、大きなデータを送る機器も増えています。ですから、送りたいデータ

13

の種類と量に比べ、検討しているネットワークでは1回に送れるデータが十分かを考えなければいけません。ただ、データ量も多ければいいというわけではなく、アプリケーションにあったネットワークの選択が必要なわけです。

（3）厳しい工場の環境でデータを正確に通信できるか？

一般的に通信のエラーチェックは、パリティーチェック、またはCRCなどで行われます。フィールドバスのデータはソフト的な原因より、EMC等の外部の要因によりエラーが起きることが多いようです。雰囲気の悪い場所では、ハードの面から高温、粉塵などの厳しい環境に耐えられるか、そしてノイズに強いかを検討して下さい。

（4）どれだけ多くの会社のどれだけ多くの機器がそのバスをサポートしているか？

オープンなネットワークにつなぎたいのですから、やはりたくさんの会社そして機器がサポートしているネットワークの方が望ましいわけです。このようなデータはその技術をサポートしている協会のホームページなどでチェックできます。

（5）どれだけ簡単にシステムを構築できるか？

ネットワークを使うからといって、特にエンジニアリングが従来より難しくなっては困ります。プログラムを作るとしても、その作りやすさだけでなく、簡単にデバッグできるのかもポイントです。これからの保守を考えると、当然使いやすいソフトを選択した方がベターです。オープンなフィールドバスではさまざまなメーカがいろいろなフィールドバスについて、使いやすいソフトを提供しています。

（6）異常時の診断機能は充実しているか？

産業用ネットワークは工場制御のベース技術ですので、トラブルが起きたり、運用が停止されたりすると、すぐに工場の操業に影響します。つまり、トラブルが起きても、すぐに復旧することが求められます。通常、ネットワークを外から見ても、機器の赤いエラーランプがフラッシングする程度で、ト

ラブル箇所はなかなか特定できません。ネットワークの通信状況を可視化できる使いやすいアナライザが提供されているかは、検討点の1つです。

（7）得られる機能に対して、コストアップはリーズナブルか？

デジタル通信を採用して機能面でメリットが出ても、機器の価格が予想以上だとなかなかユーザに受け入れられることは、難しいでしょう。使わない機能がたくさんあるために、価格が高くなっては本末転倒です。

（8）今までの実績は？

機能そのものはカタログのデータなどで比較ができますが、どのくらい実績があるかは別の意味で大切です。累計出荷数が多く、多くのアプリケーションで広く使われていることは、そのネットワークを知っている人も多く、またバグ等も少なく、さまざまな機器と繋がることを示しています。

（9）他の通信との整合性はどうか？

オープンな産業用ネットワークは仕様が完全に公開されているために、ネットワーク間のコンバータ（ゲートウェイ）を提供しているメーカもあります。工場内のネットワークを統一することが難しくても、他のネットワークへの接続の方法があれば、エンジニアリングも楽になります。また、現場機器のデータ、情報は制御機器だけでなく、PCとか上位システムに送ることを求められる場合があります。IoTの時代は、上位とか、クラウドへの接合性も検討すべきです。

（10）今後ともサポートが期待できるか？

この点になると、将来予測の問題となります。技術の進展が急速な現在、確実な予測は無理ですが、検討すべき事項であることは確かです。公的機関の規格である産業用ネットワークは、その点で、寿命が長いといえるかもしれません。

以上の点はあくまで参考です。どの点を重視するかは、アプリケーションに応じて考えてください。

産 業 用 ネ ッ ト ワ ー ク の 教 科 書

2章
ネットワークの種類

2-1　フィールドバス

2-2　産業用Ethernet

2-3　デバイスバス

2-4　プロセス・オートメーション用

2-1 フィールドバス

2-1-1 CC-Link

1．CC-LinkおよびCC-Link協会とは

　CC-Linkは、1996年に三菱電機によって開発されたフィールドネットワークです。日本初のオープンネットワーク普及推進団体として設立されたCC-Link協会（CLPA：CC-Link Partner Association）により2000年11月に仕様が公開されました。CC-Linkは、産業用ネットワークの制御用途への適用を主として、センサ、アクチュエータ、表示器、インバータ、ロボットを始めとする各種フィールド機器（スレーブ局）と、PLCやパソコン等のコントローラ（マスタ局）との間をシリアル通信ベースで接続するマスタ・スレーブ方式のネットワークです。

　CC-Link協会は、CC-LinkやCC-Link IEからなるCC-Linkファミリの仕様の策定および公開、CC-Link協会の会員各社が開発したCC-Linkファミリ接続製品に対するコンフォーマンステスト(適合試験)の実施と認定を行っています。世界11地域（欧州、北米、中国、韓国、台湾、アセアン、インド、トルコ、タイ、メキシコおよび日本）に活動拠点を置き、各地域で展示会やセミナーなど、CC-Linkファミリに対する積極的なプロモーション活動を実施しています。CC-Link協会の会員数は3,429社（2018年11月現在）を数え、会員企業による製品開発も活発でCC-Linkファミリ接続製品数は累計で1,882（2018年11月現在）にのぼっています。CC-LinkやCC-Link IEを採用するお客様は、多種多様な接続製品の中から求められる機能、性能や価格に応じて最適な機器を選択し、高機能なネットワークシステムを構築することができます。

　CC-Linkの国際標準化への取り組みについては、2001年7月に半導体業界の標準であるSEMI E54に認定され、2007年12月には、フィールドネットワークの国際標準であるIEC 61158およびIEC 61784に規格化されました。また各国対応の規格取得にも積極的に活動を実施しており、中国国家規格GB/Zに2005年12月、韓国国家規格KSに2008年3月、台湾規格CNSに

表2-1-1-1　CC-Linkファミリの国際標準化規格への対応

国際規格：ISO	ISO15745-5：CC-Link 2007年1月取得
国際規格：IEC	IEC61158、IEC61784-1：CC-Link 2007年12月取得 IEC61158、IEC61784-2：CC-Link IEフィールドネットワーク 2014年8月取得 IEC61784-3-8：CC-Link Safety 2010年6月取得 IEC61784-3-8：CC-Link IE安全通信機能 2016年8月取得
SEMI規格	SEMI E54.12：CC-Link 2001年7月取得 SEMI E54.23-0513：CC-Link IEフィールドネットワーク 2013年5月取得
中国国家規格： GB	GB/Z 19760-2005：CC-Link 2005年12月取得 GB/T 20299.4-6 中国BA（Building Automation）企画：CC-Link 2006年12月取得 GB/T 19760-2008：CC-Link 2009年6月取得 GB/Z 29496.1.2.3-2013：CC-Link Safety 2013年6月取得 GB/T 33537.1.2.3-2017：CC-Link IE 2017年4月取得
日本標準規格： JIS	JIS TR B0031：CC-Link 2013年5月取得
韓国国家規格： KS	KSB ISO 15745-5：CC-Link 2008年3月取得 KSC IEC 61158/61784：CC-Link 2011年12月取得 KSC IEC 61784-5-8：CC-Link/CC-Link IE 2014年12月取得 KSC IEC 61784-3-8：CC-Link IE安全通信機能 2018年7月取得
台湾企画：CNS	CNS 15252X6068：CC-Link 2009年5月取得

2009年5月、中国国家規格GB/Tに2009年6月、日本標準規格JISに2013年5月にそれぞれ認定されています（**表2-1-1-1**）。

2．CC-Linkの概要

（1）CC-Linkの特長

CC-Linkの主な特長を以下に示します。

1）高速応答

　CC-Linkは、マスタ局が全スレーブ局に対し定周期的に通信を行うサイクリック伝送と、特定の局を指定して不定期にデータ送信を行うトランジェント伝送の2つの伝送形式をサポートしています。サイクリック伝送のデータ量は、CC-Link Ver.2使用時で最大リモート入出力各8,192ビット（1局あたり各128ビット）、最大リモート入出力レジスタ各2,048ワード（1局あたり各32ワード）、トランジェント伝送は約1Kバイトまで交信可能です。このような大容量通信ですが、通信速度10Mbps時には、サイクリック伝送によるリンクスキャンタイムは1局接続時で約1msec、最大64局接続しても約4msecで通信可能です（スレーブ局がVer.1 リモートI/O局の場合）。また、

トランジェント伝送は、サイクリック伝送のリンクスキャンタイムにほとんど影響を与えることなくメッセージ伝送が行えます。このため、高速応答が要求されるシステムに、パソコンや表示器等のトランジェント伝送を行う機器を接続しても、高速応答性を損なうことなく制御可能です。

2) 施工性の向上

マルチドロップ配線、T分岐配線が可能であり、スリップリングや空間光リピータ、スター型配線を可能とするリピータハブを使用すれば、機械や制御盤の配線経路上の制約にとらわれず、さらにフレキシブルな敷設ができます。

ケーブル敷設に際し、マスタ局からの配線（幹線）とT分岐した配線（支線）とを区別することなく同一のケーブルで配線できます。また、通信用に別電源を配線する必要はありません。

最大伝送距離はCC-Link専用のツイストケーブルで最大1,200m（156kbps時）ですが、幹線ケーブルをCC-Link専用ツイストケーブルから光ケーブルに変換する光リピータを使用した場合には最大7.8km（156kbps時）、T分岐リピータを使用した場合には最大13.2km（156kbps時）までのケーブル延長が可能となり、大規模なシステムにも適用できます。

3) 分散制御システム

CC-Linkは単にフィールド機器のみの接続だけではなく、コントローラ間（マスタ局とローカル局）の接続も可能です。そのため、個々のコントローラに制御プログラムの作成、デバッグをしておき、最後にコントローラ相互のインターロックを確認するだけで、簡単に分散システムを構築できます。

4) 高信頼性

CC-Link接続製品に対するコンフォーマンステストの項目の1つとしてノイズテストを実施しており、すべてのCC-Link接続製品は同一基準で耐ノイズ性の確認がされているため、CC-Linkによりシステムを構築するお客様は、ノイズの影響を受ける可能性がある環境であっても安心して使用できます。

また、エラーが発生した局の通信を止めることなくネットワークから取り外すことができる異常局切り離し機能、エラーから修復された局を、システ

ムを再立ち上げせずにネットワークに復帰させる自動復列機能、マスタ局においてスレーブ局の通信状態を把握可能とするリンク状態確認機能、ハードウェアやケーブル配線のチェックを行う診断機能、マスタ局がダウンしてもローカル局がマスタ局として制御を続行する待機マスタ局機能等、冗長性の高い機能を標準的に備えており、信頼性の高いシステムを実現できます。

5）インターオペラビリティ

　CC-Link接続製品の機種ごとに、機器への指令やステータスをメモリマップとして規定した、メモリマップド・プロファイルを用意しています。そして、CC-Link接続製品は、このメモリマップド・プロファイルに合わせて作られています。たとえば機種がアナログユニットであれば、先頭のメモリはアナログ変換値というように取り決めています。メモリマップド・プロファイルにより、CC-Link接続製品の供給メーカが異なっても、機種が同じであれば、同一のデータ配列となるため、アプリケーションプログラムの作成やデバッグが非常に容易となります。また、異なるメーカの機器に取り替える場合でもほぼ同じプログラムが利用できるなど保守の面においても有利です。

（2）CC-Link仕様

　CC-Linkは、データ伝送の高速性、定時性などの優れた性能により、幅広く支持されてきました。その一方で、半導体製造工程などで大量のデータ量の拡張要求があり、CC-Linkは、Ver.1からVer.2にバージョンアップされました。CC-Link Ver.2は、従来からの自動車、半導体、搬送、食品など各種FA分野での省配線を目的とした用途に加えて、半導体製造工程における大容量でしかも定時性のあるデータ送受信が必要とされる用途・分野でのニーズに応えることができます。CC-Linkの一般仕様を**表2-1-1-2**に示します。

（3）CC-Linkのトポロジ

　CC-Linkのネットワーク構成例を**図2-1-1-1**に示します。1つのCC-Linkのネットワークは1台のマスタ局と1台以上のスレーブ局により構成します。

表2-1-1-2　CC-Link 一般仕様

項　　目	仕　　様
通信速度	156kbps / 625kbps / 2.5Mbps / 5Mbps / 10Mbps
通信媒体	CC-Link専用ケーブル（シールド付3芯ツイストケーブル）
通信制御方式	ブロードキャストポーリング方式
トポロジ	バス（RS485準拠）
最大接続局数	64局
最大伝送距離	10Mbpsの場合：　　100m　（T分岐リピータ使用時　1.1km） 5Mbpsの場合：　　 160m　（T分岐リピータ使用時　1.76km） 2.5Mbpsの場合：　 400m　（T分岐リピータ使用時　4.4km） 625kbpsの場合：　 900m　（T分岐リピータ使用時　9.9km） 156kbpsの場合：　1,200m　（T分岐リピータ使用時　13.2km）
サイクリック伝送（マスタ・スレーブ方式） CC-Link Ver.1	制御信号（ビットデータ）：最大4,096ビット（512バイト） 　　RX（スレーブ→マスタ）：2,048ビット 　　RY（マスタ→スレーブ）：2,048ビット 制御データ（ワードデータ）：最大512ワード（1,024バイト） 　　RWr（スレーブ→マスタ）：256ワード 　　RWw（マスタ→スレーブ）：256ワード
サイクリック伝送（マスタ・スレーブ方式） CC-Link Ver.2	制御信号（ビットデータ）：最大16,384ビット（2,048バイト） 　　RX（スレーブ→マスタ）：8,192ビット 　　RY（マスタ→スレーブ）：8,192ビット 制御データ（ワードデータ）：最大4,096ワード（8,192バイト） 　　RWr（スレーブ→マスタ）：2,048ワード 　　RWw（マスタ→スレーブ）：2,048ワード
トランジェント伝送	メッセージサイズ：最大960バイト

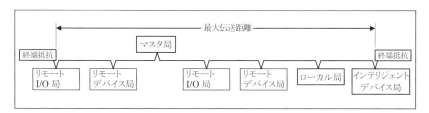

図2-1-1-1　CC-Link ネットワーク構成図

2-1-2　DeviceNet

１．DeviceNetとは

　DeviceNetは、1990年代にアメリカのRockwell Automation, Inc.によって開発された、グローバル標準のオープンネットワークです。汎用のCAN（Controller Area Network）を使用したネットワークで、CIP（Common Industrial Protocol）を実装した最初のネットワークです。現在では、ODVA（ODVA, Inc.）が仕様の管理、機器の認証、および普及活動を行っており、ODVAに参加することで仕様書を入手でき、DeviceNet対応機器を製造できます。

　2018年7月時点で500社以上のベンダから、DeviceNet対応製品が発表されています。

　ODVAは、CIPを使い、EtherNet/IPを始め、CIP Safety（安全ネットワーク仕様）、CIP Sync（高精度時刻同期技術）、CIP Motion（高精度多軸同期分散制御）などに、仕様を拡張しています。

　以下にDeviceNetの特徴を示します。

２．ご採用のお客様に評判の高い耐ノイズ性能

　DeviceNetは、通信コントローラとしてCAN（Controller Area Network）バスをベースとして、それに仕様を追加する形で作成されました。CANバスは自動車産業などで多く使われ、豊富なエラー検知機能をもっている信頼性の高いバスです。また、DeviceNet用に開発した専用ケーブルには、通信用の電源線があり、外部からのノイズがよりインピーダンスの低い電源線（24V,0V）に逃げやすいため、2本の通信線に重畳するノイズレベルが緩和されます。さらに、ケーブル全体、通信線、電源線のそれぞれをシールドしており、外部からのノイズがシールドで遮断され、通信線、電源線への影響が緩和されます。一方、通信線から発生する放射ノイズも軽減されます。

３．レイアウトに合わせた自由度の高い配線

　DeviceNetは、マルチ・ドロップ、T分岐、デイジーチェーン、支線分岐などの様々な分岐形態をサポートしています。このため、自由度の高い配線

表2-1-2-1　通信速度と通信距離

通信速度	ネットワーク最大長		支線長	総支線長
	太ケーブル	細ケーブル		
500Kbps	100m以下	100m以下	6m以下	39m以下
250Kbps	250m以下		6m以下	78m以下
125Kbps	500m以下		6m以下	156m以下

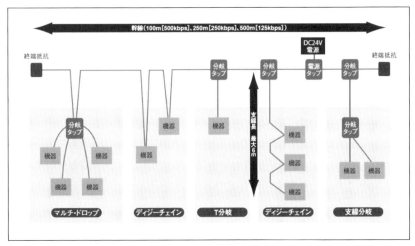

図2-1-2-1　ネットワーク構成例

が可能です。なお、通信速度、および使用するケーブルの種類によってネットワークの最大長が異なります。太ケーブル、細ケーブルを使用した場合の支線長、総支線長を表2-1-2-1、図2-1-2-1に示します。

4．安全機器と標準機器が混在可能

　DeviceNetでは、安全機器と標準機器が混在でき、安全機能を追加しても従来のDeviceNetのメリットや資産を有効活用できます。また、汎用制御のPLCから安全機器の入出力や異常状態のモニタリングが可能です。一方、安全回路設計のプログラマブル化により、安全回路の変更や流用設計が容易となり、設計工数の効率化を実現します。なお、安全ネットワークのCIP Safety on DeviceNetは、安全規格であるIEC 61058のSIL3（Safety Integrity Level 3）、およびISO 13849-1規格に対応しています（図2-1-2-2）。

24　　2章　ネットワークの種類

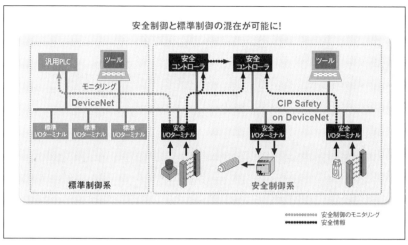

図 2-1-2-2　安全制御と標準制御の混在

2-1-3　PROFIBUS DP

1．PROFIBUS とは

　PROFIBUS は 1980 年代にドイツで Siemens, Bosch, ABB 等が共同で開発したフィールドバスです。この仕様は 1989 年にまとまり、ドイツで PROFIBUS 普及のための組織・PNO（PROFIBUS Nutzerorganisation）が発足しました。その後、世界各国でマーケティングを担当する各国協会が発足し、日本でも 1997 年に日本プロフィバス協会がスタートしました。

　2018 年 4 月現在、PI（PROFIBUS & PROFINET International：国際 PROFIBUS&PROFINET 協会）の支部は全世界 25 ヶ国におかれ、1,300 以上のベンダ、ユーザ等が会員として参加しています。市場に流通している製品は 2500 を超え、2017 年末までに累計で 5840 万以上のノードが出荷されています。

　また、PROFIBUS は国際規格 IEC 61158/61784、中国規格 GB/T、韓国規格 KSC、SEMI 規格を取得しています。

　PROFIBUS は、工場で稼動するすべての機器に対応するため、2 種類の通信方式でファミリーを構成しています（図 2-1-3-1）。

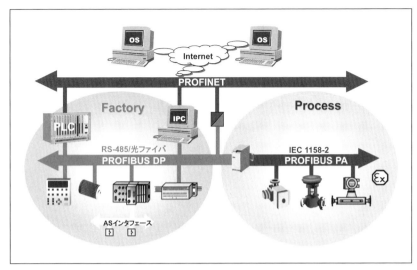

図2-1-3-1　PROFIBUSシステム

① **PROFIBUS DP**（Decentralized Periphery）

　PROFIBUS DP（Decentralized Periphery）は、コントローラとリモートI/O、ドライブ等のフィールド装置間にて高速でデータ交換を行います。PROFIBUS DPを使うと数byteのI/Oデータなら、ステーション数が20程度あっても、データは数ミリ秒以下で伝送されます。

② **PROFIBUS PA**（Process Automation）

　PROFIBUS PA（Process Automation）は、物理層以外のプロトコルはPROFIBUS DPと同一です。ただし、IEC61158-2で指定された物理層スペックを採用していますので、爆発危険場所でも機器を動作できる本質安全防爆と、通信バスラインを使って各ノードへの電力の供給ができる2線式伝送のオプションが可能です。PROFIBUS PAは主にプロセス産業で使用されます。

　本書ではPROFIBUS PAについては、2-4-3項で説明しますので、本項ではPROFIBUS DPについて説明します。

2. PROFIBUS DPの特長

(1) 最大12Mbpsとスピードが早く、データフレームサイズが大きい

PROFIBUS DPの最大スピードは12Mbpsとなっています。これは現在、オープンなフィールドバスと呼ばれているもののなかで最も高速です。また、1回の通信フレームで使うことができるデータサイズの大きさも最大244Byteと他のフィールドバスと比較すると、大きくなっています。

(2) ハイブリッド方式と呼ばれる通信方式

PROFIBUSではデータのアクセス方式として、単純なマスター・スレーブ方式を採用しています。初めにマスター（通常はコントローラ）がスレーブ（通常は現場機器）にメッセージを送信して、スレーブ機器はマスタからの問いかけに対してデータを送り返します。PROFIBUSの基本はこのマスター・スレーブ方式の繰り返しです。スレーブが複数台存在した時、マスターはスレーブを順番に一回り通信します。一周期の通信が終わったら、すぐに次の周期の通信を開始します（図2-1-3-2）。スレーブ機器は1周期に1回必ずアクセスされます。この方式ですと、スレーブは自分から通信を開始することがありません。つまり、スレーブには複雑なロジックは必要なく、安い価格で提供できます。つまり、PROFIBUSは単純に、"できるだけ早く簡単にまわす"といった方法を取っています。

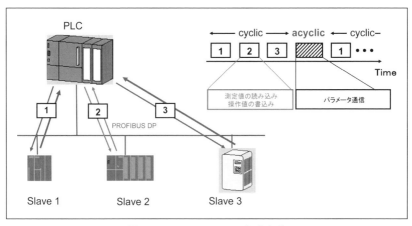

図2-1-3-2　PROFIBUSの伝送方式

また、すぐわかるように、バス上の通信の交通整理をマスタのみで行うために、この方式では複数のステーションが同時に通信を開始することはありません。ですから、原理的にデータの衝突が発生しません。

　さらに、アプリケーションによっては、制御マスタのほかに、パラメータを設定するマスタもシステム上に置きたい場合があります。PROFIBUSではバス上に複数のマスタを置くことができます。このとき、複数のマスタ間で通信のリクエストの衝突がおきないように、マスタ間にてトークンと呼ばれる権利のやりとりを行い、トークンをもつマスターのみが通信をコントロールできるようにしています。バス上でトークンは1つしかないので、ある一時点では、通信を開始できるマスターはバス上に1つしか存在しません。

　このマスター・スレーブ方式とトークン・パッシング方式の組みあわせをハイブリッド方式といい、PROFIBUSの特長の1つになっています。

(3) 異なるメーカーの機器を含むオープンシステム

　オープンなフィールドバスでは、さまざまなメーカーの製品を同じバスに接続できることが求められます。そのため、たくさんの異なった機器を組みあわせたシステムをいかに簡単に構築できるかという使いやすさが求められます。PROFIBUSはスレーブ機器メーカーがGSDファイルというテキストファイルを発行し、この中に機器の仕様が記述されています。GSDファイルをコンフィギュレーションソフトに読み込むことで、異なる仕様をもつ機器を含むシステムのプログラムを構築できます。

(4) パラメータ通信

　PROFIBUSは周期的に通信する制御データと非周期で通信するパラメータデータの両方をアクセスすることができます（DP-V1通信）。たとえば、機器のベンダー名、機器名、シリアル番号、上下限警報値などは、常時アクセスされる必要はありません。PROFIBUSでは、このようなパラメータデータは必要とされる時だけアクセスできます。

(5) アナライザの種類が豊富

　エンジニアリングの間違い、間違った取り付け、経年変化などにより、

28　　　2章　ネットワークの種類

PROFIBUS システムにエラーが発生することもあります。PROFIBUSが正常に動き、通信をしているか、またエラーが発生した場合は、どこでエラーが発生したかを簡単に解析するアナライザを複数のメーカーがマーケットに提供しています。

(6) 世界中でサポートされます

　PROFIBUS と PROFINET を技術的にサポートするため、世界61か所に技術センター、32か所にトレーニングセンター、そして10か所にテストラボが置かれています。世界5大陸をカバーするネットワークですので、ユーザは世界中で技術サポートを受けることができます。

３．まとめ

　速度、データの大きさ、ステーション数などのバスの基本の性能を考えると、PROFIBUS DPは現場機器とコントローラの通信としてもつべき機能をかなり十分に備えたフィールドバスといえます。また、現在までの設置数、サポートする製品数もトップクラスです。プロフィバス協会は、モーションコントロールをカバーするPROFIdrive、安全バスとして使用できるPROFIsafeプロファイルなどさまざまな機能を付加し、汎用のバスとしてPROFIBUSの能力を広げて、工場内のあらゆるアプリケーションに対応できるようにしています。そのため、日本のコントロールベンダーを含めて、世界のほとんどのコントロールベンダーがPRROFIBUSのマスタ機器をラインアップしています。ですから、PROFIBUSはベンダーを選ばないオープンな通信となっています。

　PROFIBUSはヨーロッパ中心に普及してきましたが、最近ではアジア、アメリカでもそのシェアを伸ばしています。特に、中国、東南アジアにおいて、PROFIBUSは非常に大きなシェアをもっています。

　日本プロフィバス協会もセミナーの開催、展示会への参加、プロフィバス技術センターの設置、トラブルシューティングへの対応、そして認証テストラボラトリの開設など、普及に向けて努力を続けています。

2-2		産業用Ethernet

2-2-1　CC-Link IE

1．CC-Link IEとは

　CC-Link IEは、2007年10月にCC-Link協会によって仕様が公開された、業界初の1GbpsのEthernetをベースとした統合ネットワークの総称です。CC-Link IEは、産業用ネットワークへの単なる制御用途への適用だけでなく、機器管理（設定・モニタ）、機器保全（監視・故障検出）、データ収集機能によるシステム全体の最適化を目的としたネットワークです。CC-Link IEは、CC-Linkで培ったサイクリック伝送技術を引き継ぐとともに、コントローラネットワークからフィールド・モーションネットワークまでをEthernetで統一し、ネットワークの階層・境界を意識せずシームレスなデータ伝送を実現します。

　CC-Link IEは、PLCやパソコンなどのいわゆるコントローラ間の連携動作を実現するために用いられる「CC-Link IEコントローラネットワーク」、電磁弁やデジタルI/Oなどのいわゆるフィールド機器の制御を行うための「CC-Link IEフィールドネットワーク」、CC-Link IEフィールドネットワーク上のモーション制御機能、CC-Link IE 安全通信機能、さらには100Mbpsの汎用Ethernetを活用した「CC-Link IEフィールドネットワークBasic」から構成され、制御用途に応じた最適な仕様を提供してきました。そして2018年11月にはCC-Link IEの次世代を担うネットワークとして「CC-Link IE TSN」の仕様が公開され、IoTを活用したスマート工場の構築をさらに加速させることが期待されます（**図2-2-1-1**）。

　CC-Link IEの国際標準化への取り組みについて、CC-Link IEフィールドネットワークは、2013年5月に半導体・FPD業界の標準であるSEMI E54に認定され、2014年8月には、フィールドネットワークの国際標準であるIEC 61158およびIEC 61784に規格化されました。また各国対応の規格取得にも積極的に活動を実施しており、CC-Link IEとして韓国国家規格KSに2014年12月、中国国家規格GB/Tに2017年4月にそれぞれ認定されています。今

30　　　2章　ネットワークの種類

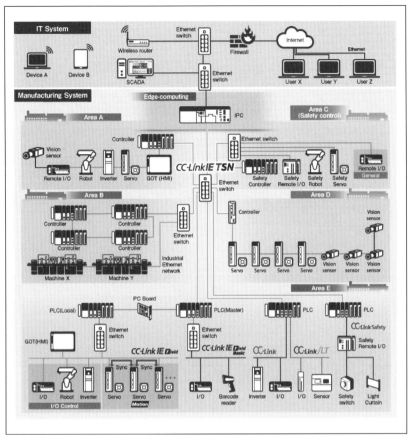

図2-2-1-1 CC-Linkファミリ ネットワーク構成図

後はCC-Link IE TSNにおいても、国際標準規格をはじめSEMIや各国国家規格の取得を進めていきます。

2．CC-Link IE TSNの概要

CC-Link IEの最新のネットワークであるCC-Link IE TSNについて述べます。

(1) CC-Link IE TSNの特長

CC-Link IE TSNの主な特長を次に示します。

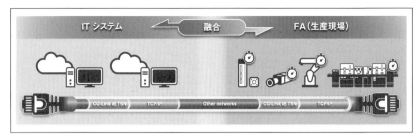

図2-2-1-2　FAとITの融合

1) FAとITの融合

　標準Ethernet規格を拡張し、時分割でリアルタイム性を実現したTSN技術の採用により、TCP/IPをはじめITシステムで用いられるネットワークだけでなく、生産現場で使用されている複数の異なる産業用ネットワークも同一幹線上で混在させることができます。これにより、生産現場のFAや管理部門のITシステムといった階層の違いを意識することなくシームレスに連携できるため、さまざまなアプリケーションでの活用が可能になります（図2-2-1-2）。

2) 高速・高精度な制御の実現

　CC-Link IE TSNは、サイクリック通信の方式に時分割方式を採用しています。ネットワーク内で同期している時刻を活用し、決められた時刻で、入力と出力の通信フレームを双方向に同時に送信することで、ネットワーク全体のサイクリックデータを交信する時間を短縮させることができます。

　また、通信周期の異なる機器をそれぞれの性能に応じて組み合わせて使用することが可能です。同一のマスタ局に接続する機器について、従来はネットワーク全体で同じ通信周期にて運用する必要がありましたが、CC-Link IE TSNでは複数の通信周期で運用することができます。これにより、サーボアンプのような高速性が要求される機器と、リモートI/Oなど低速な通信周期の機器が混在する装置であっても、サーボアンプのモーション制御のパフォーマンスを維持できるため、装置性能を向上させて生産性を高めることが可能になります（図2-2-1-3）。

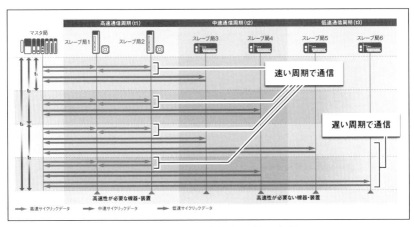

図2-2-1-3　高速・高精度な制御の実現

3）立ち上げ・運用・保守における工数削減

　Ethernetの機器診断プロトコルであるSNMP（Simple Network Management Protocol）に対応しており、SNMP対応の汎用の診断ツールにより、CC-Link IE TSN対応機器とEthernet機器をまとめて診断可能となります。Wireshark等の汎用の回線モニタツールも活用できるため、立ち上げデバック時や、運用・保守時の迅速な原因分析、復旧対応が可能になり、工数削減が期待できます。

　また、TSNで規定された時刻同期プロトコルにより高度な予知保全が可能となります。CC-Link IE TSNに対応した機器は機器間の時刻のズレをマイクロ秒単位で補正することができるため、ネットワーク異常時にログ解析を行う際、異常に至るまでの事象を正確に分析することができます。さらに生産現場の情報と時刻を正確に紐づけて管理部門のITシステムに提供することにより、AIなど新しい技術の活用の可能性が広がり、予知保全の精度向上が期待できます。

4）多様な開発手法によるCC-Link IE TSN対応機器の拡充

　従来CC-Link IEに対応した機器を開発する場合、マスタ機器、スレーブ機器いずれも専用のASICかFPGAといったハードウェアを実装する必要がありましたが、CC-Link IE TSNでは、ハードウェア実装だけでなくソフト

ウェア実装の手段も提供されます。従来通りのハードウェア実装に加えて、汎用のEthernetチップとソフトウェアプロトコルスタックの組み合わせで機能を実装することが可能です。ソフトウェアで実装できるようになったことで、機器メーカ様は既存のEthernet機器を簡単にCC-Link IE TSNに対応させることができるなど、開発方法の選択肢が広がり、ユーザ様にも対応機器拡充による機器選択肢の広がりという形でメリットがもたらされます。

(2) CC-Link IE TSN仕様

CC-Link IE TSNの仕様を**表2-2-1-1**に示します。

表2-2-1-1　CC-Link IE TSN仕様

項　　目	仕　　様
通信速度	1 Gbps、100Mbps
通信媒体	IEEE 802.3 1000BASE-T 規定ケーブル（カテゴリ5e以上）、IEEE 802.3 100BASE-TX 規定ケーブル（カテゴリ5以上）、RJ-45コネクタ、M12コネクタ
通信制御方式	時分割方式
トポロジ	ライン、スター、ライン・スター混在、リング、リング・スター混在、メッシュ
最大接続台数	64,770台（マスタ局とスレーブ局の合計）
最大局間距離	100m
サイクリック伝送（1ネットワークおよび1ノードあたりの最大データサイズ）	入出力合計で最大4G（4,294,967,296）バイト
トランジェント伝送（最大データサイズ）	2,048バイト

(3) CC-Link IE TSNのトポロジ

CC-Link IE TSNの構成例を**図2-2-1-4**に示します。1つのCC-Link IE TSNは1台のマスタ局と1台以上のスレーブ局により構成します。

CC-Link IE TSNはライン型（**図2-2-1-4**(a)）、スイッチングハブを使用したスター型（**図2-2-1-4**(b)）、1か所のケーブル断線時においても通信継続可能なリング型（**図2-2-1-4**(c)）に加え、ネットワークシステムの信頼性向上と自由な配線を可能とするメッシュ型（**図2-2-1-4**(d)）の構成を構築することができます。さらにライン型、スター型との組み合わせ、およびリング型、

34　　　2章　ネットワークの種類

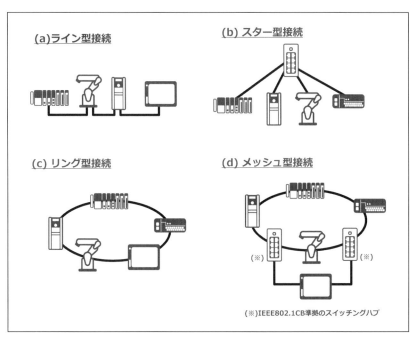

図2-2-1-4　CC-Link IE TSN構成例

スター型との組み合わせが可能なため、柔軟にシステムを構築することができます。また、CC-Link IE TSN対応機器を追加する場合、スイッチングハブのEthernetポートでも、機器のEthernetポートでも、空いているポートに自由に接続できます。

3. 他オープンネットワーク団体との連携 (PI連携、OPC連携)

CC-Link協会では、異なるネットワークに対応した装置や機器との接続性を向上し統合を容易化するPROFIBUS & PROFINET International (PI) との連携（水平統合容易化）、ITシステムと装置の統合を容易化するOPC Foundationとの連携（垂直統合容易化）に着手しています。以下では、これらの取り組みについて簡単に紹介します。

(1) PROFIBUS & PROFINET Internationalとの連携

CC-Link IEやPROFINETなどさまざまなネットワークを容易に統合で

35

きるソリューションは、シームレスなデータの流れが前提となっているIIoT
やIndustry 4.0に有効であると考えます。そこで、CC-Link協会とPIはCC-
Link IEとPROFINETの統合容易化に向け、共同のテクニカルワーキングを
設立し、「カプラーソリューション」という標準的なゲートウェイの仕様を策
定しました。カプラーソリューションは、装置間またはシステム間の通信を
処理します。1つのネットワークを利用する装置は、従来のネットワーク部
品のようにカプラーを通じて別のネットワークへ、準ブラックボックスとし
て接続します。2017年4月にはカプラーソリューションの仕様が公開されま
した。

（2）OPC Foundationとの連携

CC-Link協会では、CC-Linkファミリに接続されるさまざまな機器に関し
て、立ち上げ・運用・保守のために必要となるパラメータ等の情報を記述す
るCSP+（Control & Communication System Profile）と呼ばれるプロファイ
ル仕様を検討してきました。

OPC連携では、CSP+を拡張し、さまざまな装置のさまざまな情報を統一的
に扱う仕組みを構築します。また、OPC Foundationの協力のもとIndustry 4.0
の標準となりつつあるOPC UAモデルへのマッピング仕様を定義し、2017年
11月にOPC UAと装置用CSP+のコンパニオン仕様をリリースしました。
これにより、製造現場の装置とITシステム間のインタフェースを統一し、
高度な生産を目指すスマート工場を実現するためのエンジニアリングコスト
を削減します。

2-2-2　EtherCAT

1．EtherCATとは

EtherCATは、イーサネットベースのフィールドバスとして独ベッコフ
オートメーションによって開発された技術です。2003年4月に発表され、同
年11月にオープンネットワークとして技術仕様の管理や普及を行う団体で
あるEtherCAT Technology Groupが設立されました。当初は独および欧州を
中心に33社のメンバから始まりましたが、2018年9月現在のメンバ数は約

5,000社を超える世界最大のフィールドバス団体となり、日本のメンバ数は約600社です。欧州だけでなく、アジアから北米・南米まで世界中に幅広く普及しています。マスタの仕様が完全にオープンであり200社以上がマスタを実装し、スレーブで使用するEtherCAT通信チップは10社以上の半導体メーカから供給されています。実装の簡単さと高速性能から最も注目を集めている技術です。また、EtherCAT仕様にはバージョンはありません。基本仕様を変更せず、既存の仕様との互換性に注意深く配慮して機能追加を行っているのでEtherCAT発表当初のデバイスから現在の最新デバイスまで1つのネットワーク内で使用できます。仕様の安定性も普及の要因の1つになっています。EtherCATは1つのネットワークで、I/O、モーション、センサ＆アクチュエータから機能安全まで対応できます。

2．EtherCAT通信のしくみ

EtherCATは通信効率を最大限に高めた通信方式によって、最速の産業用イーサネットといわれています。物理層にはファーストイーサネットに準拠した100BASE-TX, 100BASE-FXに加え、スライスI/Oや内部接続に適したLVDS接続（E-bus）があります。マスタのハードウェアはPCベースに標準のNICを使用し、ソフトウェアで機能を実装するのが一般的です。一方、スレーブの通信ハードウェアはEtherCATスレーブコントローラ（ESC）という専用ASICで構成し、スレーブアプリケーション用のマイコンやハードウェアをこれに接続します。スレーブはネットワーク接続のため1個のINポートと1個以上のOUTポートをもっています。マスタとスレーブ間をネットワークケーブルで接続すると、ESC内のフレームルーティング機能によりマスタを通信の起点および終点とするリング状の経路が構成されます（図2-2-2-1）。

マスタが送信した通信フレームは、すべてのスレーブを通過します。図2-2-2-2のように通信フレームはリードやライトなどのコマンド、スレーブのアドレス指定、通信データおよびワーキングカウンタ（WKC）からなるデータグラムを複数個含むことができます。WKCはアドレス指定されたスレーブがコマンドを正しく処理したときに値をインクリメントし、マスタはWKCの戻り値を確認します。ESCは通信フレームをオンザフライで処理します。オンザフライとは通信データのリードやライトをバッファリングせ

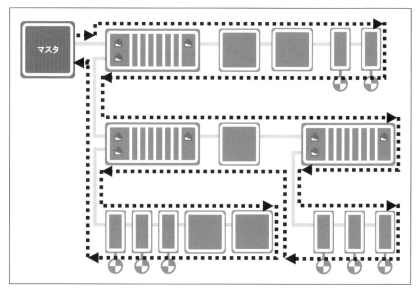

図2-2-2-1　EtherCATネットワークの通信経路

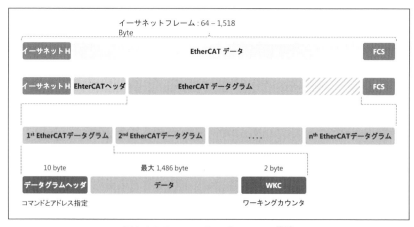

図2-2-2-2　EtherCATのフレーム構造

ずに実行することであり、スレーブ内の通信フレームの遅延時間を最小限にします。

　周期プロセスデータ通信には論理アドレスを使用します。すべてのスレーブのプロセスデータを32ビットの論理アドレス空間にライト、リードおよび

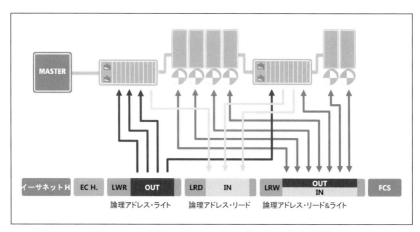

図2-2-2-3　論理アドレスによるプロセスデータ通信

リード&ライトのコマンドごとのメモリブロックを構成します。ESCにはフィールドバスメモリマッピング機能（FMMU）の設定レジスタがあり、マスタはこのレジスタにスレーブのプロセスデータが割り付けられた論理アドレスとESC内物理アドレスの対応を設定します。ESCはデータグラムのアドレス指定エリアの論理アドレスおよびデータ長を参照し、自動的にフレームとプロセスデータの通信バッファ間のデータ交換を行います（図2-2-2-3）。プロセスデータやメッセージ通信のバッファはESCのシンクマネージャにより管理され、データのコンシステンシが保たれるようになっています。

3．高精度時刻同期機能 ディストリビュートクロック

ESCにはナノセカンド単位の64ビットの時刻機能があり、この時刻をスレーブ間で同期させることによってフィールドバスシステムとしての同期動作を実行します。この機能をディストリビュートクロック（DC）といいます。ネットワーク内の基準時刻は最も上流のDC対応スレーブの時刻を使用します。DCは次の3つのしくみで時刻を100ns以下の精度で同期させることが可能です。

- オフセット補正：スレーブのシステムタイムと基準時刻とのオフセットをマスタが設定します。

- 伝搬遅延補正：スレーブには各ポートでフレームを受信した時刻を記録する機能があり、この機能を使用してマスタはネットワークの経路内のフレームと伝搬遅延を計算し、各スレーブのレジスタに基準時刻のDCスレーブからの遅延時間を設定します。
- ドリフト補正：時刻配信用コマンドを使用し、1つのフレームで基準時刻のDCスレーブからシステムタイムをリードし、後続のスレーブにライトします。ライトによって各DC対応スレーブはシステムタイムの比較を行い、時刻の進み具合を緩やかに調整し、個体差による時刻の誤差を補償します。

　DC対応スレーブ内のESCはこの同期した時刻で割り込みを生成し、スレーブアプリケーションを処理するマイコンはこれをトリガに同期処理を実行します。

4．アプリケーション層

　EtherCATスレーブのアプリケーション層には、一般的にCAN application over EtherCAT（CoE）というCANopenプロトコルに準じたデータ構造のオブジェクトディクショナリやサービスを拡張したものを使用します。オブジェクトディクショナリとこれにアクセスするためのサービスをサービスデータオブジェクト（SDO）と言い、スレーブのプロセスデータの構成、アプリケーション機能の設定、識別情報、診断情報が含まれています。一方、プロセスデータオブジェクト（PDO）は周期通信をするプロセスデータの実体であり、リアルタイム処理を行います。SDOのデータ構造やスレーブのビヘイビアはデバイスプロファイルで定義されています。EtherCATのデバイスプロファイルにはモジュラーデバイスプロファイル（MDP）、半導体製造装置向け（SEMI）デバイスプロファイル、CiA402ドライブプロファイルおよびビジョンセンサプロファイルなどがあります。

　このほかにSERCOSプロトコル（SoE）、イーサネットのトンネル化（EoE）、ファイル送受信に適したプロトコル（FoE）も用意されています。

5．機能安全

EtherCATの機能安全対応プロトコルは、2005年にリリースされました。Safety over EtherCAT（FSoE）がアプリケーション層の機能安全プロトコルとして定義され、IEC 61508 SIL3の認証を受けています。FSoE対応スレーブの通信部分はブラックチャネルアプローチであり、標準EtherCATと同じです。FSoE対応スレーブは標準EtherCATスレーブと同一のネットワークに混在できます。

6．EtherCAT P

EtherCAT Pは、ファーストイーサネットで使用する4本の通信先の信号と2系統のDC24Vをカップリングすることにより、1本のケーブルでEtherCAT通信とデバイスの電源供給を行えるようにする省配線技術です。この2系統の電源はスレーブのシステム用およびセンサ駆動用（US）と、アクチュエータなどの出力用（UP）に使用し、それぞれ最大3Aまで供給可能です。この拡張は物理層のごく一部に変更を加えていますが、ESCや通信プロトコル自体は完全に標準のEtherCATと互換性があります。

7．コンフォーマンス

ETGは、EtherCATスレーブに対しコンフォーマンステストツール（CTT）によるプロトコルテストを義務付けています。CTTに合格した製品はEtherCATロゴを使用できます。さらにETGが認定したEtherCATテストセンタでEtherCATコンフォーマンステストサービスを提供し、合格した製品に対し認定証を提供しています。このテストに合格すると認証済み製品用の特別なロゴマークを使用できます。

また、ETGはプラグフェストを欧州、日本、米国などで実施しています。プラグフェストでは開発中製品の相互接続テストを行います。ETGが技術アドバイスを提供し、仕様の解釈や実装上の問題による接続障害を解決するとともに参加企業の技術力向上を目的としています。

2-2-3　EtherNet/IP

1.　EtherNet/IPとは

　EtherNet/IP（Ethernet Industrial Protocol）は、CIP（Common Industrial Protocol）制御用通信プロトコルを標準イーサネット上のアプリケーション層で実行する、オープンでグローバルな産業用イーサネットです。一般的な通信仕様は、標準のイーサネットと同じですが、CIPを使用していることにより、異なるネットワーク（DeviceNetやCompoNetなど）間でもシームレスに通信が可能になります。また、国際標準規格であるIEC61158やSEMIスタンダードE54.13として認定されています。

　CIPのアプリケーション層では、CIP Safety（安全ネットワーク仕様）、CIP Sync（高精度時刻同期技術）、CIP Motion（高精度多軸同期分散制御）などを実装しており、1本のネットワークですべての制御通信をサポートできるようになっています。

　また、EtherNet/IPは標準TCP/IPプロトコルを採用していることにより、Web、電子メール、音声、ビデオなどのプロトコルと同じネットワークで共存可能であり、マネージドスイッチの利用により制御データおよび情報データを統合した優先制御が可能です。

　一方、市場シェアを見てみると、2018年発表のHMSインダストリアルネットワークス株式会社の調査では、IoTによるデバイスのイーサネットへの接続が多くなり、産業用イーサネットが市場の52％を占めるまでになり、従来のフィールドバス市場のシェアを上回りました。その中でも、EtherNet/IPのシェアは、フィールドバスや無線を含む市場全体でみても15％の大きなシェアを占めています[1]。

　EtherNet/IPは、DeviceNetと同様にODVA（ODVA, Inc）にて管理されており、コンフォーマンス・テストを実施し合格することにより販売することができます。

　次にEtherNet/IPの特徴を示します。

42　　　2章　ネットワークの種類

2．リング・トポロジによる冗長化システムで、異常時にもネットワーク運転が可能

EtherNet/IPは、リング・トポロジをベースとしたケーブル冗長テクノロジであるDLR（Device Level Ring）をサポートしています。ネットワークの状態を常に監視し、3ms以下と高速な経路切替えを行い、高い信頼性を提供します。また、異常箇所を特定することができるので、メンテナンスが容易です（図2-2-3-1）。

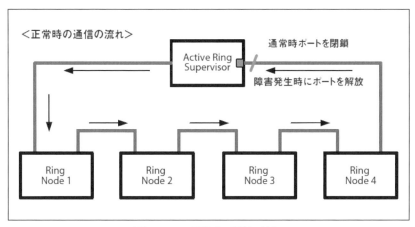

図2-2-3-1　正常時の通信の流れ

3．安全機器と標準機器が混在可能

EtherNet/IPでは、DeviceNet同様に安全機器と標準機器が混在でき、安全機能を追加しても従来のEtherNet/IPのメリットや資産を有効活用できます。また、汎用制御のPLCから安全機器の入出力や異常状態のモニタリングが可能です。なお、安全ネットワークのCIP Safety on EtherNet/IPは、安全規格IEC61508のSIL3（Safety Integrity Level 3）、およびISO 13849-1規格に対応しています（図2-2-3-2）。

4．時刻同期と多軸同期制御が高精度

CIPアプリケーションがIEEE1588規格をサポートすることで実現する高精度な時刻同期通信として、CIP Sync（高精度時刻同期技術）に対応してい

ます。±100ナノ秒の精度で時刻同期ができるため、高い精度が求められるSOE（Sequence of Event）に容易に対応することができます（**図2-2-3-3**）。

さらに、CIP Syncをベースに、100軸／1msの多軸同期制御を行うことが可能であるCIP Motion（高精度多軸同期分散制御）を実現しています。サー

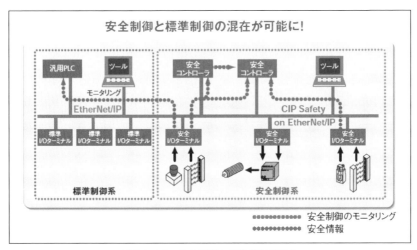

図2-2-3-2　安全機器と標準機器の混在

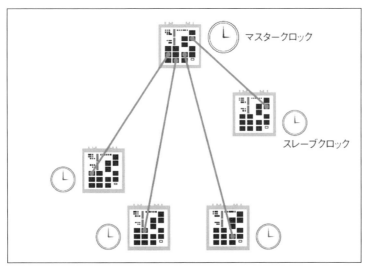

図2-2-3-3　時刻同期図

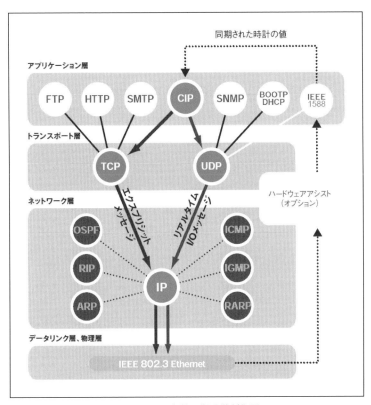

図2-2-3-4　多軸同期分散制御図

ボ軸のトルク、速度、ポジション制御やドライブの速度制御、ステータス監視に標準イーサネット上で制御することができます（**図2-2-3-4**）。

5．完全な自己防衛機能を有することが可能

　EtherNet/IPでは、各機器が悪意のあるメッセージに対して、CIP Security（自己防衛機能）を実装することが可能です。信頼されていないデバイスから送信された通信を拒否することができ、改ざんされたデータの受け取りも拒否することができます。

　また、トランスポート層でIETF-standard TLS（RFC 5246）とDTLS（RFC 6347）を使用しセキュアなトランスポートを提供しています（**図2-2-3-5**）。

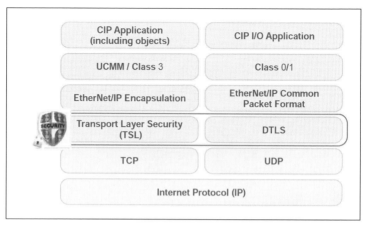

図2-2-3-5　セキュリティの位置づけ

参考資料

※1 https://www.hms-networks.com/ja/press/2018/02/27/
industrial-ethernet-is-now-bigger-than-fieldbuses

2-2-4　FL-net

1．産業用オープンネットワーク「FL-net」

　FL-net（FA Link network）は、異メーカ・異機種間の接続で一般的なEthernetをベースにしたフレキシブルでオープンな産業用コントローラ間ネットワークです。工場などのオートメーションネットワークを大きく3つの階層に分けると、図2-2-4-1に示すように上位層の経営、工程管理のレベル（レベル4、3）、中間層のコントローラレベル（レベル2）および下位層のデバイスレベル（レベル1）に分けられます。FL-netは主に中間層で多くの異メーカ間のPLCやコントローラを容易に接続できるマルチベンダ産業用Ethernetです。FL-netは他の産業用Ethernetのように特定メーカ主導で開発されたネットワークではなく、一般社団法人日本自動車工業会からの要求仕様に対して、国内の制御機器メーカが共同で開発した日本発祥のオープンネットワークです。したがって、マルチベンダ環境下での制御・監視通信に大きな特長および優位性があります。2000年にプロトコル仕様書JEM

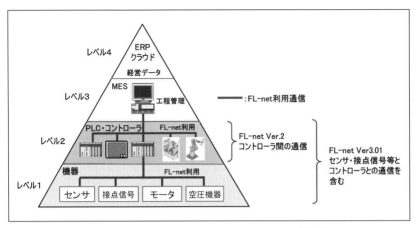

図2-2-4-1　工場ネットワークにおけるFL-netの位置付け

1479 Ver.1.00を発行、2002年にVer.2.00を発行、デバイスレベルへの機能拡張、制御・監視通信を妨げないで情報系Ethernet通信も可能な最新仕様Ver.3.01を2012年に発行しました。Ver.2.00仕様はJIS B 3521規定となっています。2000年4月から一般社団法人 日本電機工業会（JEMA）に設置されたネットワーク推進特別委員会が、FL-netの仕様制定、管理、普及促進を行っています。FL-net製品の試験検証・適合性認定は第三者の試験認定機関により行われています。

2．FL-netの特長
(1) FL-netの特長
1) オープンなネットワーク

　FL-netは国内外33社（2018年6月時点）が検証認定された製品を提供するオープンなネットワークです。

2) マスタレスのコントローラ間ネットワーク

　多くの産業用ネットワークは機器間が主従関係にあるマスタ／スレーブ方式であるのに対し、FL-netは各機器が対等なマスタレス方式によるコントローラ間ネットワークです。最大254台のコントローラ機器を接続でき、小規模なネットワークから大規模なネットワークまで対応可能です。

3）コモンメモリ方式

　すべてのFL-net機器は、8Kビット＋8Kワードのコモンメモリと呼ばれるメモリエリアを共有しており、コモンメモリ内のデータは、サイクリック通信により周期的にデータが更新・同期化されます。ユーザは通信を意識することなく、すべての機器で同じデータイメージをもつことが可能です。

4）標準Ethernetの物理層、データリンク層

　FL-netの物理層とデータリンク層は一般的なコンピュータ通信で最も使われているIEEE 802.3Ethernetのため、一般のスイッチングハブやカテゴリ5ケーブルなど、Ethernet用として広く普及したハードウェアを使用可能です。

5）ソフトウェアによる時間確定伝送の制御

　FL-netはEthernet物理層とデータリンク層の上位層となる応用層ソフトウェアで、マスタレス方式やコモンメモリ通信等の制御・監視系伝送と、標準Ethernet通信となるIT系伝送の混在を伝送制御します。応用層のFAリンクプロトコル伝送制御ソフトウェアが制御・監視系伝送に必須である時間確定伝送を制御します。

6）適合性検証・認定システム

　指定の第三者試験機関にて適合性検証試験を行い、合格した製品だけにFL-net機器の認定を与える検証・認定システムを実施しています。そのため、接続トラブルがほとんどない信頼性の高いネットワークです。

　以上のようにFL-netは標準Ethernetをベースとしており、マルチベンダでのコントローラ間接続・通信が容易な産業用オープンネットワークです。

（2）FL-net通信の詳細

　FL-netの仕様概要を**表2-2-4-1**に示します。

1）トークンパッシング方式

　FL-netはUDP/IPブロードキャストパケットを使い、トークンパッシング

表2-2-4-1　FL-netの仕様概要

項　　目	仕　　様
伝送媒体	10BASE-2, -5, -T / 100BASE-TX, -FX
物理層／データリンク層	IEEE 802.3
トポロジ	バス型, スター型
最大接続局（ノード）数	254局
交信権制御方式	トークンパッシング方式
プロトコル	UDP/IPベースFAリンクプロトコル
ネットワーク設定通信	ネットワーク設定パラメータ用の専用サーバ機能（TCP/IP）
汎用通信重畳	TCP/IP, UDP/IPなどFAリンクプロトコル以外の通信の重畳可能
伝送サービス	サイクリック伝送サービス 全局で8Kbit＋8Kwordのコモンメモリ
	メッセージ伝送サービス 1:1伝送, 1:N伝送, 最大1,024バイト
	負荷測定サービス
	I/O定義設定サービス, 勧誘サービス
伝送性能	32局, 2Kbit＋2Kwordデータを50msでリフレッシュ（更新）

と呼ばれる方式で通信を行います。トークンと呼ばれるデータ発信の権利を
ネットワーク内に1つ用意し、トークンをもつノードだけがデータを送信で
きる権利をもちます。ノードは自身宛のトークンを獲得すると必要なデータ
送信を行い、後続のノードにトークンを送信することでトークンを引き継ぎ
ます。このトークンは、重複時や消失時のルールが規定されており、正しく
トークンを管理することで、データの更新が正しく行われます。

2）サイクリック伝送（コモンメモリ方式）

　サイクリック伝送は周期的に行われる通信です。コモンメモリと呼ばれる
8Kビットのビット領域と8Kワードのワード領域が用意されており、各ノー
ドは、この領域を重複しないように任意のサイズで割り当て送信領域としま
す。1つのノードに割り当てられた送信領域は、他のノードでは受信領域と
なります。各ノードが、自ノードに割り当てられた送信領域のデータを周期
的にブロードキャスト送信することで、各ノードはこのコモンメモリ全領域
の同じイメージをもつことができます。

49

3）メッセージ通信

メッセージ通信は、ノード間での非周期的なデータ交換を行う機能です。1回に送信できる最大のデータ量は1,024バイトで、指定したノードだけに送信する1：1伝送と、すべてのノードに送信する1：N伝送の機能があります。

4）ネットワークへの参加・離脱

システム稼働中でもノードの参加および離脱が可能で、特定のノードの介在は必要としません。ノードごとにトークン監視タイマで監視し、ノード離脱によるトークン消失時にはトークンを再発行します。また、ノードが新規に参加する場合は参加要求フレームを送信することにより、他ノードは新規ノードが参加したことを検出できます。

3．国内規格と国際規格化

FL-netは、オープン化と標準化に積極的に対応しており、日本電機工業会JEM規格として、JEM 1479（プロトコル仕様）、JEM 1480（試験仕様）、JEM-TR 231（実装ガイドライン）、JEM-TR 214（デバイスプロファイル共通仕様）がそれぞれ定められています。また、国内規格として、JIS B 3521においてプロトコル仕様（Ver.2.00対応）が制定されています。一方、国際規格として、2003年にISO 15745-4（Industrial Automation systems and integration-Open systems application framworks-Part4 Ethernet-based control systems）として制定されています。さらに2013年からはIEC規格化の活動を進めており、通信仕様と敷設仕様の各規格化を扱うIEC/TC65/SC65C/MT9およびJWG10の2015年東京キックオフ会議（開催場所：JEMA）を経て、2018年8月に、先ずFL-net敷設仕様がIEC 61784-5-21:2018となりました。FL-net通信仕様は2019年にIEC規格として発行が予定されています。

4．今後の動向

昨今の産業界は第4次産業革命やIoT、エッジコンピューティングといった新たなキーワードが登場して大きく変化しており、さまざまなメーカや団体が業界標準を目指して活動しています。こうした潮流の中、FL-netはORiN協議会、Edgecrossコンソーシアム、FIELD systemといった業界団体と協業

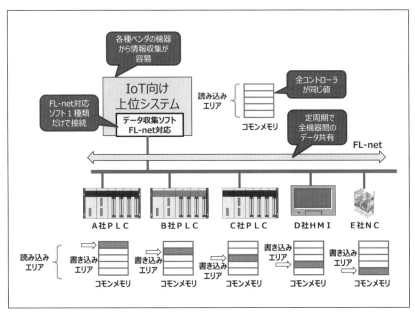

図2-2-4-2　FL-net通信の特長：コモンメモリによる全機器間のデータ共有

し、連携強化を進めています。FL-netは、接続している全機器間でコモンメモリによるデータ共有が可能となるため、他の産業用ネットワークと異なり、コモンメモリに展開された生産加工ライン全体のデータを上位システムでも簡単に共有できます。上位システムは生産加工ラインのデータをそのまま利用可能であり、シンプルで拡張性の高い共通インタフェースが提供可能です（図2-2-4-2）。FL-netは、ネットワークレベルでの標準化をコモンメモリにより実現し、その先のアプリケーションレベルでの標準化に関して各種団体と連携していく予定です。

2-2-5　MECHATROLINK

1．概要

　MECHATROLINKは、安川電機が開発したモーション制御用フィールドネットワークです。その後、モーション・コマンドが整備され伝送速度を10Mbpsに拡張したMECHATROLINK-Ⅱ（以下、M-Ⅱ）を開発、2003年に

オープン化されました。2007年には物理層にEthernetを採用し、伝送速度が100Mbpsに拡張されたMECHATROLINK-Ⅲ（以下、M-Ⅲ）がリリースされました。MECHATROLINKは、SEMI規格E54.19スタンダード（2007年）、IEC61158/IEC61784（2014年）、GB/T18473-2016（2016年）などの国際規格を取得しています。

MECHATROLINKの推進団体としては、2003年にMECHATROLINK MEMBERS CLUBが発足し、現在はMECHATROLINK協会としてMECHATROLINKの普及活動を行っています。

MECHATROLINKがターゲットとする領域は、製造装置内のモーション制御にかかわる機器の接続であり、これらの高速・高精度な制御を可能にします。

2．通信仕様

MECHATROLINKの各世代の概略仕様を**表2-2-5-1**に示します。

最新仕様のM-4では前世代のM-Ⅲ比で最大接続局数が約2倍になり、マルチマスタ・IP通信など機能的な追加が行われています。

表2-2-5-1　MECHATROLINKの概略仕様

項　　目	MECHATROLINK-Ⅱ (M-Ⅱ)	MECHATROLINK-Ⅲ (M-Ⅲ)	MECHATROLINK-4 (M-4)
コマンド プロファイル	M-Ⅱ通信コマンド	M-Ⅲ標準プロファイル M-Ⅱ互換プロファイル	M-4標準プロファイル
最大接続局数	C1マスタ：1局 C2マスタ：1局 スレーブ：30局	C1マスタ：1局 C2マスタ：1局 スレーブ：62局	最大128局 （マスタ最大：8局 スレーブ最大：127局）
伝送周期250usあたりの 最大スレーブ局層	2	10	46
サイクリック通信 伝送データ長	17バイト又は32バイト （マスタ／スレーブ共通）	32バイト又は48バイト （マスタ／スレーブ共通）	16バイト～1,492バイト （マスタ／スレーブ個別）
マルチマスタ	非対応	非対応	対応
複数伝送周期	なし	なし	あり
全二重／半二重	半二重	半二重	全二重
IP通信	非対応	非対応	対応
Ethernet	非互換	物理層のみ互換	互換
伝送速度	10Mbps	100Mbps	100Mbps(M-4)/ 1Gbps(M-4G)混在不可
伝送距離	総延長50m （リピータ使用時：100m）	局間100m	局間100m
接続形態	カスケード	カスケード／スター	カスケード／スター

3．MECHATROLINK-4
（1）新たな価値を生む新技術

近年、IoT・Industrie4.0などの実現のため、産業用ネットワークに大量に流れるデータの活用や機器同士のフレキシブルな接続が求められています。これらの要求に適応する新しい規格として、2017年にMECHATROLINK-4（以下、M-4）とΣ-LINK Ⅱが発表されました。

M-4は、モーション制御用フィールドネットワークMECHATROLINKの基本性能を向上させた通信規格です。さらに、マルチマスタ機能、IP通信機能などの機能拡張により、複数のコントローラを使用した分散制御システム等へ適用範囲を拡大することや、汎用Ethernet機器との親和性が向上しています。

Σ-LINK Ⅱは、従来、1対1であったサーボアンプとエンコーダ（位置検出装置）との通信を拡張させ、複数のセンサをサーボアンプに直接、接続できる仕様になっています（図2-2-5-1）。

M-4およびΣ-LINK Ⅱを製造装置内のネットワークとして適用することで、分散制御、集中制御どちらのシステムも構成することが可能になります。

（2）基本機能

M-4はM-Ⅱ/M-Ⅲと同様に、マスタ-スレーブ方式で通信を行います。マ

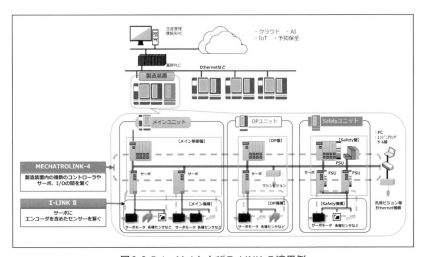

図2-2-5-1　M-4およびΣ-LINK Ⅱ適用例

スタは接続された複数のスレーブに対し指令データを送信し、各スレーブはマスタへ応答データを送信します。この指令・応答のやり取りを正確な周期(伝送周期)で実行します（サイクリック通信）。ネットワーク上の機器は高精度に同期するため、精密なモーション制御が可能です。サイクリック通信では通信に失敗したスレーブとの間で、伝送周期内に再送処理を行います(リトライ機能)。これにより高い信頼性も確保できます。

　サイクリック通信では、スレーブごとに指令データと応答データで異なるデータ長を設定できます。機器の性能・機能に合わせて最適なデータ長にすることにより、効率的な通信が可能です。またフィールド機器のカテゴリ(サーボ・インバータ・ステッピングモータ・I/O)に応じたコマンドプロファイルが規定されており、MECHATROLINK協会にて認証試験を実施しています。そのため、協会の認証を受けた機器同士であれば高い相互接続性があります。

　また伝送周期内でメッセージ通信を行うこともでき、制御データに加えパラメータなどの非制御データを伝送することもできます。さらに、マスタ-スレーブ間でのサイクリック通信・メッセージ通信と並行して、汎用Ethernet機器との通信を行うこともできます。

(3) 伝送性能

　M-4の伝送性能のM-Ⅲとの比較を図2-2-5-2に示します。

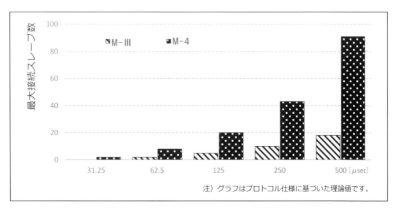

図2-2-5-2　MECHATROLINK-4伝送性能

M-Ⅲ比で約4倍の性能を実現し、より大規模で精密な制御を行うことができます。また接続局数が同じであれば、より大きな空き帯域が確保でき、メッセージ通信や汎用Ethernet機器との通信などに有効活用することが可能です。

(4) マルチマスタ機能

M-4では、同一ネットワーク上に複数のマスタを接続することができます。1つのマスタとその制御下のスレーブは、「制御ドメイン」と呼ばれるグループを構成します。

この構成を利用した例として、ユニット構成の装置への適用があります。ユニットごとにマスタを分散配置しながら、1本のネットワークですべてのユニットを接続することができます。すべてのユニットはM-4上で同期し、同期のための別配線が必要ありません。また制御伝送はユニットごとに独立して同時に行われるため、ユニットが増加しても伝送周期が伸びません。そのため伝送周期の変更によるアプリケーションの見直しなどが不要になり、ユニット追加が容易になります。

もう1つの例として、Safetyシステムへの適用があります。M-4のスレーブは、複数の制御ドメインに所属できるので、通常の非安全機器で構成される制御ドメインに所属するスレーブ機器にSafetyユニットを取り付け、その機器をSafetyマスタが存在する制御ドメインにも所属させることで、通常の制御マスタによる制御通信に影響なくSafety対応が可能です。

(5) 汎用Ethernetとの親和性

M-4では、標準的なEthernetパケットを採用しています。そのため、M-4専用の通信ASIC等のハードウェアを必要としないソフトウェアのみのマスタ機器を開発することができます。この場合、通信ASICを実装したスレーブが同期処理を行うことも可能なため、マスタが通信ASICを使用する場合と同等の同期性を確保できます。

また、伝送周期内の空き時間を汎用Ethernet機器との通信に利用することができます。これにより、各M-4機器と汎用Ethernet機器が直接TCP/IP通信することも可能となります。

(6) モーションデータとセンサデータの連携

Σ-LINK Ⅱは、安川電機が開発したサーボアンプとサーボモータのエンコーダ間のシリアル通信技術を元に、エンコーダだけでなくセンサやI/O機器も接続できる同期通信ネットワークとしてMECHATROLINK-4とともに発表されました。Σ-LINK ⅡはMECHATROLINK協会にて管理され、MECHATROLINKファミリーの通信規格の位置づけです。

近年の工場内の製造装置では、故障診断・自律制御を実現するために多くのセンサ情報を必要としており、サーボモータ近辺にも多数のセンサが設置されています。エンコーダを含めてそれらをネットワーク化し、サーボアンプに集約することで、省配線化とサーボアンプの高機能化を実現します。またMECHATROLINKとの連携により同期した装置内データを上位ネットワークへ伝達することができます。

2-2-6　MODBUS TCP/IP

1. MODBUS TCP/IPとは

MODBUSプロトコルは、1979年にアメリカのModicon社のPLCと当時、工場で多く使用されていたミニコン間の通信のため、シリアル通信で開発されました。アクセス方式が簡単であることから、PLCとコンピュータだけでなく、工場の現場機器内のデータをアクスする方式として普及しました。1997年にフランス・シュネデール社によりMODBUS TCP/IPの通信仕様が公開されました。現在は、Modbus-IDAで標準化活動が行われています。

2. MODBUS TCP/IPの特長

MODBUSは、OSIの通信モデルで考えるとレベル7に位置するアプリケーションレイヤーのメッセージ通信プロトコルで、クライアント・サーバモデルの通信方式を採用しています。レベル6以下は規定していませんから、異なったバスやネットワーク間でも通信が容易に実現可能であることを示しています（図2-2-6-1）。

MODBUSアプリケーション層は、データモデルとアドレスモデルという2つのモデルをベースに、ファンクションコードで、データに対するアクセス

56　　2章　ネットワークの種類

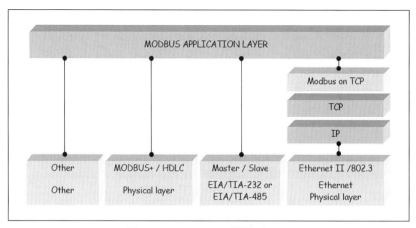

図2-2-6-1　MODBUS通信スタック

制御を行うという非常にシンプルで汎用的なプロトコルになっています。**表2-2-6-1**にModbus-RTUのメッセージフレームモデルを示します。

　MODBUS TCP/IPの最大の特徴は、TCP/IPを用いていますので、イントラネットおよびインターネット環境で、PLCやI/Oモジュール等のスレーブデバイスとの通信が可能になることです。TCP経由でMODBUS TCP/IP通信を行う場合には、登録されたポート番号502を用います。MODBUS TCP/IPは、クライアント・サーバモデルの通信方式ですが、クライアントは従来のMODBUSプロトコルでのマスターに相当し、サーバはスレーブに対応します。TCP/IPプロトコルを基本にしていますので、複数クライアント、複数サーバのサポートが可能になります。すなわちマルチマスター、マルチスレーブのシステム構成が可能になります。

　同時にTCP/IPのアクセスのため、通信の前提としてコネクションを張る必要があります。これは多くの産業用EthernetがUDP/IPをデータ伝送フ

表2-2-6-1　MODBUS TCP/IPのメッセージフレーム

Modbus アプリケーション ヘッダー				PDU（Simple Protcal Data Unit）	
トランザクションID	プロトコルID	データ長	ユニットID	ファンクションコード	データ
16ビット	16ビット	16ビット	8ビット	8ビット	N*8ビット

レームとして使うのとは異なっています。アクセスするデータの番地はクライアントからのメッセージに記述されるため可変ですが、そのぶん高速のリアルタイム性を要求するアプリケーションへの適用は注意が必要です。

Modbus-IDAは、MODBUSに関するユーザやベンダーからなる標準化推進団体で、下記ドキュメントをhttp://www.modbus-ida.org上で公開しています。

- MODBUS Application Protocol Specification V1.1a
  MODBUSアプリケーション層のプロトコル
- MODBUS over serial line specification and implementation guide V1.0
  シリアルラインを使った場合の仕様とインプリメント上のガイドライン
- MODBUS Messaging on TCP/IP Implementation Guide V1.0a
  TCP/IPを使った場合のインプリメント上のガイドライン

Modbus-IDAはMODBUSファンクションコードを、パブリックファンクション、ユーザ定義ファンクションおよび予約ファンクションの3つのカテゴリに分類し、アプリケーション層の標準化を進めています。パブリックファンクションは、コンフォーマンステストの対象で、現在全世界で3ヵ所のテストラボを用意し、コンフォーマンステストやインターオペラビリティのテストを行い、認証活動を行っています。

パブリックファンクション・コードの一覧表を**表2-2-6-2**に示します。

2-2-7　Sercos

1 . Sercosとは

Sercos（SErial Real-time COmmunication System）は、モーションなどのコントロールと、ドライブ、I/Oや、カメラやエンコード等のその他のペリフェラルデバイスを相互に接続するための、オープンな国際規格（IEC 61784、61158、61800-7）の産業用イーサネットです。1980年に、ドイツのZVEI（ドイツ産業電気工業会）がアナログI/Fを更新し、VDW（ドイツ工作機械工業会）がデジタルでオープンな、ベンダー非依存のインターフェー

表2-2-6-2　パブリックファンクションコード定義一覧表

機能分類	データモデル		ファンクションコード－サブコード	ファンクション名
データアクセス	ビット操作	Physical Discrete Inputs	02	Read Discrete Inputs
		Internal Bits or Physical coils	01	Read Coils
			05	Write Single Coil
			15	Write Multiple Coils
	16ビットデータ操作	Physical Input Registers	04	Read Input Registers
		Internal Registers or Physical Output Registers	03	Read Holding Registers
			06	Write Single Register
			16	Write Multiple Registers
			23	Read/Write Multiple Registers
			22	Mask Write Register
			24	Read FIFO Queue
	ファイルレコード操作		20-6	Read File record
			21-6	Write File record
診断			07	Read Exception Status
			08	Diagnostics
			11	Get Comm event counter
			12	Get Comm Event Log
			17	Report Slave ID
			43-14	Read Device Identification
その他			43-14	Encapsulated Interface Transport
			43-13	CANopen General Reference

スを規定するために作成され、初期には主に先進の工作機械アプリケーションで使われました。標準化されたデータを、最大31.25μsの高速同期精度で、時間確定性のあるシリアル通信を行います。2005年のイーサネット版移行時に、従来仕様の完全互換を維持しつつ、他イーサネットプロトコルとの共存（タイムスロット方式）、スレーブ・スレーブ直接通信、CIP Safety安全通信、ホットプラグ等に対応し、汎用オートメーションバスへと機能を拡張しています。分散制御に非常に適し、軸に依存するコントロール機能を自由に配置して、マスターだけではなくスレーブでクローズループや、挿入、登録が可能です。EtherNet/IP、TCP/IP、OPC/UA、安全プロトコル等を1つのネットワークに共存できます。またリアルタイム通信であるだけでな

表2-2-7-1　Sercos I～IIIの比較

	Sercos I	Sercos II	Serocs III
実装された年	1987	1999	2005
物理媒体	光ファイバ	光ファイバ	イーサネット(ツイストペア ケーブルまたは光ファイバ)
ネットワークトポロジー	リング	リング	ラインまたはリング
伝送速度	2/4 Mbit/s	2/4/8/16 Mbit/s	100 Mbit/s全二重
サイクルタイム	設定可能、最短62.5μs	設定可能、最短62.5μs	設定可能、最短31.25μs
ジッター	<1μs	<1μs	<1μs
同期	ハードウェア同期		
基本プロトコル	HDLC		イーサネット
リアルタイムプロトコル	Sercos (TDMAベース)		
ハードウェア冗長	なし	なし	あり (リングトポロジー使用時)
ダイレクト相互通信	なし	なし	あり
コントロールシステム間 通信と同期	なし	なし	あり
サービスチャンネル	あり	あり	あり
任意のUCチャンネル	なし	なし	あり
ホットプラグ	なし	なし	あり
マスター数	1リングに1	1リングに1	1リングに1または1ラインに1
ノード数	1リングに254、複数リング可	1リングに254、複数リング可	1リングまたは1ラインに511 複数リングまたはライン可
プロファイル	ドライブ、I/O	ドライブ、I/O	ドライブ (電気、空圧、油圧) I/O、エンコーダ、エネルギー

く、周辺デバイスと相互通信するためのセマンティクスを決める700以上の標準パラメータ仕様も定義しています。Sercos技術は、ドイツに本部のある協会のSercos Internationalが管理し、技術開発、標準化、認証、マーケティングを実施しています。北米（Sercos North America）とアジア（Sercosアジア）に支部があり、ベーシック会員（無償）として加入すると公開仕様にアクセスすることができます（**表2-2-7-1**）。

2．ドライブ同期バス＋汎用オートメーションバス

　Sercosは、イーサネット版に移行した時に、従来仕様の完全互換を維持しつつ、汎用オートメーションバスとして利用するために、潜在的に必要となると考えられる以下のような機能が追加されています。

（1）他のイーサネットとの共存（タイムスロット方式）

　SercosはTDMA（時分割多重アクセス）です。同一の通信路をきわめて短い時間"タイムスロット"に分割して複数の通信に割り当てて伝送します。こ

のタイムスロットと、通信時間を確定できる"タイムトリガー"伝送がベースです。1回の通信サイクルにリアルタイム領域と非Sercos通信に利用できる領域（UCチャンネル）をもっています。UCチャンネルでEtherNet/IPや、OPC UA、TCP/IPベースの通信を行い、リアルタイム通信と独立して共存でき、リアルタイム通信が動作していなくても動作します。プロトコルはオンザフライ転送方式で効率的通信が可能です。イーサネットフレームは、複数ユーザのデータを集約する「総和フレーム」で使用できる帯域を大きくしています。

（2）スレーブ・スレーブ間の直接通信

通常スレーブ間通信はマスターを介すため同期を損ないます。Sercosでは、スレーブ同士間でマスターを介さず1サイクルでリアルタイム通信ができます。これにより分散型ソリューションが、最短の反応時間で非常に柔軟に実装できます。同様に、マスター・マスター間を含めすべてのデバイス間で直接通信が可能です。

（3）安全通信用の CIP Safety on Sercos

Sercosは、安全通信にCIP Safety（IEC 61508 SIL3まで）を採用しています。ODVAとの協力で定義されました。安全データはリアルタイムデータと同時に伝送されるので、個別ケーブルは不要です。ドライブ、周辺機器、安全バス、そして標準イーサネットを1ネットワークに統合することにより、扱いが簡素でハードウェアと設置費用が削減されます。

（4）デバイスの相互通信（セマンティクス）

Sercosはリアルタイム通信であると同時に、700以上の標準プロファイルをもち、さまざまなデバイスの統合が短時間ですみます。1デバイスで多様な応用を統合するハイブリッドデバイスにも対応しています。ドライブ、I/O、安全モーション、エンコーダ、一般デバイス、エネルギープロファイルを定義済みです。

3．インダストリー 4.0（I.4.0）とIoTへの対応：OPC UAとTSN

現在のマシン通信では、I.4.0やIoTを実現するために、高度オートメーショ

ンとITシステム間の垂直通信と、生産工場内で機械の水平ネットワーキングを同時に対応することが求められます。

(1) OPC UAを介するマシン相互運用

OPC UAは、オフィスからオートメーションまで、システムが相互にネットワーキング可能な通信規格で、非常に多くのユーザが利用しています。OPC UAを機械レベルまでの通信に使うために、Sercos InternationalとOPC Foundationは、Sercos OPC UAコンパニオン標準を作成しています。これにより、Sercosのイーサネット共存機能によりSercosと並行して、またはSercosが動作していなくてもOPC UAを動作することができます。Sercosの非常に豊富で堅牢なデバイスモデルとデバイスプロファイルをOPC UAを介して利用でき、マシン間相互運用性を高め、クラウドベースアプリケーションなども統合できます（図2-2-7-1）。

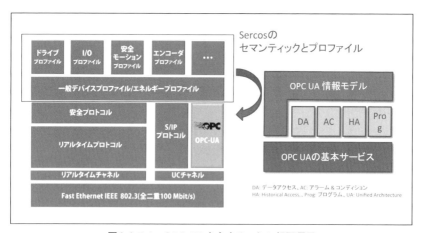

図2-2-7-1　OPC UAを介するマシン相互運用

(2) TSNとSercos

標準のイーサネットがリアルタイムで使用できるEthernet TSNは、オフィスからオートメーションまでの従来のネットワークを収束できる可能性のある技術として期待され、IoT時代向けフィールドバスのベースになると考えられています。TSNはサブ規格を集めて構成されていますが、そのサブ

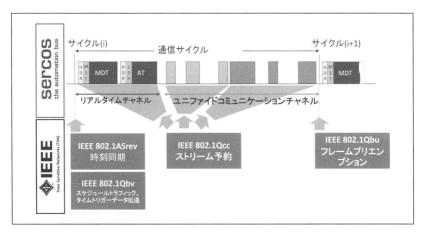

図2-2-7-2　TSNのサブ規格とSercos

規格にはSercosとの共通点が多くみられます。いくつかの例をみてみます（図2-2-7-2）。

両者はTDMAを採用しています。タイミングと同期（IEEE 802.1ASrev）、トラフィックのスケジュール（Qbv）はSercosのリアルタイム伝送の時間を決めるサイクリック伝送に一致しています。ストリーム予約（Qcc）は、Sercosのリアルタイムチャネルのオンザフライ処理も行いながら、同時に他のイーサネット通信も可能な方法に対応しています（ただしTSNの方がさらに柔軟性は高くなっています）。

フレームプリエンプションについては、Sercosは現在固定サイクルに違反しない方法の議論を進めていますが、IEEEは Qbuとしてその方法を定義し、これによりネットワーク上の固定サイクルを確実に守ることができます。

これらのことはTSNがSercosにとって非常に興味深い技術であることを意味しています。TSNをSercos lllプロトコルの優れた代替えとして使用し、その最上位にSercosを載せることが優れたオプションであると考えられるためです。TSN上でSercosを走らせ、たとえばWebカメラの大量データとリアルタイム通信を同一ネットワーク上で収束するといったシンプルな構成が可能です。

2-2-8 PROFINET

1．PROFINETとは

PROFINET（プロフィネット）は、1999年にPI（PROFIBUS & PROFINET International）が発表したEthernetをベースとした産業用ネットワークです。世界25ヵ所にある各国協会がマーケッティングを担当し、63ヵ所の技術センター、32ヵ所のトレーニングセンター、そして10ヵ所のテストラボで技術サポートを行っています。PROFIBUS & PROFINET Internationalの発表では、2017年までに累計2,090万台のPROFINET機器が世界中に納入されました。2017年の納入数は前年比で25%増となっています。

PROFINETは、国際規格IEC 61158/61784、中国規格GB/T、韓国規格KSC、SEMI規格を取得しています。

2．PROFIBET通信の基本

(1) PROFINETシステムは、最小構成として、IOコントローラ（通常は制御コントローラ）、IOデバイス（通常は現場機器）とスーパバイザ（エンジニアリング機器）の3つで構成されます（図2-2-8-1）。機器ベンダーは、IOデバイスの機能を記述したXML形式のGSDMLファイルを提供します。

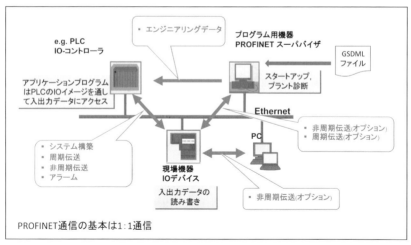

図2-2-8-1　PROFINETシステム

GSDMLファイルはPROFINETシステムを構築するためにスーパバイザに読み込まれます。

IOコントローラとIOデバイス間で通信が確立すると、周期データ、パラメータ、アラームの通信ができるようになります。IOデバイスのパラメータはPCなどからUDPでアクセスできます。

(2)メッセージは、Ethernetフレームを使用します。PROFINETの周期データとかアラーム通信ではEther-type =0x8892を使いますが。また、スタートアップとかパラメータの読み書きなどの時間に制約が緩やかなアプリケーションでは、IP通信（Ether-type =0x0800）を使います。

(3)スター、ライン、ツリー、リングなどのトポロジー、また銅線、光ファイバー、無線などの媒体が使用できます。

(4)リアルタイム性を実現する手段として、RT（Real time）とIRT（Isochronous Real time）の2つの方式をもちます。RTはメッセージ内のVLANタグにて、メッセージのプライオリティをIEEE802.1Qを使って表示します。このとき、プライオリティの高いメッセージは、スイッチで優先して取り扱われるため、メッセージの到達遅れが少なくなります。それに対し、IRTではIEEE1588の規約により各機器の時刻同期をさせてから、周期データとオープン通信データの時間を予約する帯域制御を使用します。各機器が自分のメッセージを出す時間をシステムで予約するため、メッセージの衝突がなくなり、遅れなくメッセージを配信できます。

3．PROFIBUSとPROFINETの違い

PIはPROFIBUS（2-1-3章参照）の次世代通信としてPROFINETの開発を進めてきました。PROFIBUS DPの通信速度は最高12Mbpsであるのに比べて、PROFINETの通信速度は100Mbpsあるいは1Gbpsなので、単純にデータを通信する能力はPROFINETの方が優れています。ただし、PROFIBUSが現在でも多く使われていることは、制御バスとして使うには能力が十分であることを示しています。

それでは、PROFIBUSが制御に十分使えるなら、なぜPROFINETが必要になるのでしょうか？　PROFINETには大きく分けて2つのメリットがあります。

①より多くのデータをより早い時間で通信できます

　PROFINETでは、最新のIRT機能であるDynamic Frame Package機能をつかって、最小31.25μ秒周期でデータ交換を行えます。つまり、PROFIBUSでは難しかったモーションの同期制御も十分に対応できます。また、1つの機器から最大1,440バイトの制御データを読み書きできます（PROFIBUSでは最大244バイト）。

②より多くの機能を通信ネットワークに付加できます

　オフィスで進化しているTCP/IP技術を工場の現場にも取り入れて、より管理しやすいネットワークシステムを構築、運営できるようになります。また、最新の現場機器は単に制御データをもつだけでなく、機器情報、管理情報、保全情報、診断情報を提供できるようになってきました。PROFINETはTCP/IP通信と共存すること（図2-2-8-2）で、これらの新しい機能にアクセスできます。

　PROFINETは特に管理しやすいネットワークを目的に作られています。そのため、PROFINETでは、各機器がIPアドレスをもちます。つまり、機器はPROFINET機器として通信するだけでなく、IPアドレスをもったIT機器として使用、管理できることになります。ですから、次にようなメリットが実現できます。

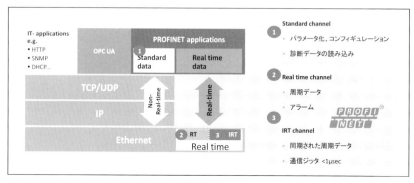

図2-2-8-2

① 機器の存在をチェックするためpingを使う。

② 最新の機器はデータ、パラメータ、診断情報などを機器内のWEBサーバに格納しているものもあります。外部のPCから汎用のブラウザ（Chrome、MS IEなど）を使ってHTTPのコマンドでこれらの情報の読み・書きのアクセスができます。

③ Ethernet機器の管理機能・LLDP、SNMPを使って、機器の状態を外部から監視したり、トポロジーを表示したりできます。LLDP通信では機器は自分の稼働情報を隣の機器に定期的に提示します。隣の機器はMIBと呼ばれるデータベース内にその情報を保持します。PCなどの上位機器からSNMP機能を使ってMIBの情報を読むことで、どのようなIPアドレス、MACアドレス、名前をもつ機器がほかの機器とどのような通信（1,000Mbpsとか1Gbpsとか）で接続されているなどの情報がわかり、システム全体のトポロジーも提示できるようになります。

④ FTPを使って、機器のバージョンアップを行う（機器がその機能をもてば）。

　オフィスのネットワークは、TCP/IP通信によって成長してきました。PROFINETはTCP/IP通信と共存するので、PCを直接ラインにつなげて、TCP/IPを使った便利な管理機能を享受できます。

4．さらなるPROFINETの特徴

（1）コントローラとデバイスは1：1で接続する

　IRTのDynamic Frame Packingを除いて、PROFINETではコントローラとデバイスは1：1で通信します（IRTはパフォーマンスを重視のため、異なる構成をとります）。1：1で通信することは、ネットワークの管理として以下のメリットがあります。

- 機器にエラーが発生しても、エラーの影響はその機器の通信だけとなり、エラーが検知しやすい
- 異なるバージョンの機器がシステムに混在しても、コントローラが対応するので問題とならない

67

(2) 複数マスタができる

現場機器の機能が向上し、機器のもつさまざまなデータと情報をどのようにアプリケーションに伝達するかが、産業用ネットワークを採用するポイントの1つとなっています。これらのデータ、情報は制御だけで使われるのでなく、保全、設計、スケジューリングなどのいろいろなアプリケーションにて使用されます。アプリケーションが異なれば、使用するハードが異なり、データ、情報を求める機器のアドレスが違うこともあります。PROFINETでは、1個のデバイスを複数のコントローラからアクセスできます。

(3) 冗長化

PROFINETでは、伝送媒体（配線とスイッチ）のリング冗長化であるMRPだけでなく、制御機器、伝送媒体、現場機器のインタフェースのどれが故障しても運転が継続できるシステムの冗長化も用意されています（図2-2-8-3）。

(4) ほかのネットワークとの接続性

工場の中ではいくつかの産業用ネットワークが混在することもあります。このとき、ほかのネットワークと容易に接続できる方がユーザとしては使いやすくなります。PROFINETはすでにProxy技術を仕様化したうえで、

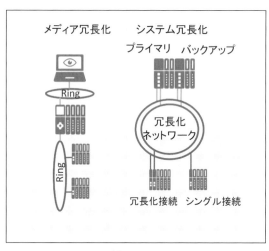

図2-2-8-3

PROFIBUS, Interbus, AS-Interface, HART, DeviceNet, FOUNDATION Fieldbus, CANopen, IO-LinkそしてCC-Link IEと接続するための仕様書が用意されています。

(5) 安全ネットワーク

工場では制御システムと同時に安全システム（シャットダウンシステム）を構築する場合も多くあります。特に海外の工場などでは、安全システムの審査を通らないと、工場の運転が許可されない場合もあります。PROFINETはPROFIsafeと呼ばれる安全プロファイル（SIL3まで対応）を追加して、安全ネットワークとしても動作することができます。

5．これからのPROFINET

最近、標準Ethernetにリアルタイム性（実時間性）を実現する方法として、IEEEでは、TSNの規格化を進めています。PROFINETは標準的なEthernet通信に準拠しますので、データリンク層に従来のRTとIRTに加えて、TSNを追加するだけで、他の仕様を変えることなくそのままTSNを導入できます。

Ethernetはこれまでも進化してきましたが、これからも進化していくでしょう。PROFINETは最新のEthernet技術に対応して、工場のなかの制御データ（Operatonal Technology）と情報データ（Information Technology）の融合を進める基盤となります。

2-3 デバイスバス

2-3-1 AS-Interface

1．AS-interfaceとは

　AS-interface（アクチュエータ／センサインタフェース：AS-i）は、ドイツとスイスの11の企業からなるコンソーシアムによって、1990年から開発が行われました。当時、いくつかのフィールドバスがすでに開発されていましたが、センサやアクチュエータとの接続に適したシンプルで安価なネットワークは存在していませんでした。これを受けて、データとともに24V電源を伝送できる全く新しいタイプの省配線システムとしてAS-iが開発されました。AS-iを用いた自動化プロセスが1994年に初めて導入されて以来、さまざまな改良が加えられ現在はバージョン3.0として発展しており、また2018年11月よりASi-5が最新バージョンとして公開されています。

2．システムの概要と主な特徴

（1）マスタスレーブ通信

　AS-iはマスタとスレーブ方式として、稼働中、電源投入後、または新たに接続されたスレーブを認識した際に通信を行います。

1）スレーブID：マスタは、接続された各スレーブに対して「スレーブプロファイル」を要求します。このスレーブプロファイルによって、スレーブがマスタと情報を交換する際のデータ量とデータの種類が示されます。このプロセスは自動的に開始されます。

2）スレーブパラメータ：マスタは、スレーブからパラメータ情報を取得します。このプロセスは、電源投入後、またはスレーブとの通信が一時的に途絶えたときに、少なくとも1回行われます。

3）スレーブ診断データ：稼働中、診断データが各スレーブから周期的に読み込まれます。このデータに含まれる最も重要な情報は故障ビットで、ハードウェアの異常が検出された際にスレーブによってセットされます。

70　　　2章　ネットワークの種類

4）I/Oデータ：I/Oデータを周期的に収集。スレーブの種類に応じて、通信サイクルごとにI/Oデータが更新される場合もあれば、数回の通信サイクルを要する場合もあります。

(2) システムの拡張性

　AS-iのトポロジは自由度が高く、スター、ライン、ツリー等、さまざまなネットワーク構成が可能です。総延長は標準で100m、またエクステンションプラグ、リピータを組み合わせることにより最大400mまで延長が可能となります。

(3) ケーブルと接続技術

　AS-iの規格化されたエレクトロメカニクスにより、革新的な取り付け実装技術がもたらされました。図2-3-1-1は、現場でケーブルを設置するのに使用するAS-i専用フラットケーブルで、AS-iネットワーク接続用の黄色ケーブルと、補助電源用の黒色ケーブルが用意されています。

　AS-iケーブルには、断面積2×1.5mm^{2}の導体が収められており、ピアッシングすることで接続します（図2-3-1-2）。このピアッシングは被覆を貫通するため、導体と確実に接触します。ストリップ、端子の取り付け等は一切必

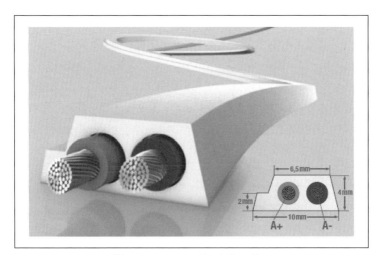

図2-3-1-1　AS-iフラットケーブル

図2-3-1-2　貫通テクノロジー ピアッシング

要なく、また好きな場所にケーブルを接続できるため、あらかじめ余分な長さを確保する必要もありません。

3．AS-i構成要素

AS-iネットワークを動作させるには、以下に示す4つの構成要素が必要です。

(1) マスタ

AS-iマスタは、AS-iのデータトラフィックを管理します。AS-iマスタは稼働中のスレーブ交換が可能です。AS-iマスタは独立したAS-i ネットワークシステムとして、または装置や工場の制御システム、さらに上位のフィールドバスシステムとの接続を確立するゲートウェイの一部として機能します。世界中で採用されているほとんどのフィールドバス、産業用EthernetとAS-iマスタのゲートウェイが用意されています。

(2) 電源

AS-iの専用電源はAS-iネットワークのあらゆる場所にDC24V電源を供給できるよう、30Vの公称電圧が規定されています。これにより、ケーブルによる電圧降下を約3Vまで許容でき、また、スレーブの電圧降下を3Vほど

許容できます。一般に、AS-i ネットワークに供給する電流値は最大で8Aとなっています。AS-iは電力線通信であるため、電源モジュールには電源供給機能と通信機能が備わっています。このため、AS-i ネットワークに標準の電源装置で電源を供給することはできません。AS-i用に開発された専用の電源か、あるいはディカップリングモジュールの設置が必要となります。

(3) スレーブ

　AS-iシステム V3.0において、最大スレーブ数はデジタルIO＝62、アナログIO＝62、安全IO＝32となります。

　どのスレーブも出荷時はアドレスが0に設定されています。スレーブをAS-i ネットワークに接続する前に、AS-i スレーブにアドレスを設定する必要があります。このアドレスは、スレーブの不揮発性メモリに保存されます。AS-i規格の過去のバージョンとの互換性を保つため、2つのアドレス指定方法が用意されています。標準スレーブ1～31のアドレスを使用するか、あるいはA/Bスレーブを標準スレーブのアドレスと共有するか、いずれかとなります。つまり、ある1つのアドレスを、標準スレーブ、Aスレーブ、Bスレーブのいずれかで使用できます。

　スレーブを取り付けてアドレスを設定後、そのスレーブをAS-i ネットワークに接続が可能となります。最初に、デバイスプロファイルを使用して新しいスレーブが識別されます。このデバイスプロファイルは、I/O構成と3つのIDコードによって一意に識別され、伝送される情報の内容、パラメータの内容、複合トランザクションが実装されているか等が定義されています。これらの共通設定により、異なるメーカの製品を相互に運用することが可能となります。

　AS-iスレーブを使用すると、バイナリ出力を備えたセンサ（ライトカーテン、ボタン、キースイッチ、接近センサ、ロータリエンコーダ等）、バイナリ入力を備えたアクチュエータ（空圧弁／油圧弁、モータスタータ、バルブ、複数のインジケータランプ等）が接続できます。また、8ビット、12ビット、16ビットの分解能をもつアナログセンサを4個まで、最大4個のアナログアナログアクチュエータもAS-iスレーブに接続できます。さらに、アナログ入力とアナログ出力を組み合わせて使うことも可能となっています。

（4）ケーブル

マスタ、電源、スレーブは、2芯のAS-iケーブルで接続します。最もよく使われるのは黄色のAS-iフラットケーブルですが、規格で要求されている電気的特性を備えていることが確認できた他のケーブルも使用が可能となっています。

4．AS-Interface Safety at Work

危険な動作によって作業者の安全性がおびやかされるような自動化プロセスでは、標準入出力データを伝送する信頼性が高くても、それだけでは十分ではありません。そのため、装置の動作に伴う想定される危険のレベルに応じて、国際規格あるいは各国が規定した装置に関する安全ガイドラインや作業場所の安全性に関するガイドラインに従った要件を満たすための追加の手段を講じなければなりません。

AS-iには"AS-Interface Safety at Work"として安全センサまたは安全アクチュエータ、安全モニタの技術が開発されています。これらの構成要素は、AS-iスレーブと同じくネットワーク上の任意の場所に導入でき、制限や制約を受けることなく標準の構成要素と組み合わせて使用できます。安全モニタは、マスタとスレーブとの間のデータトラフィックを読み取り、安全関連の情報を抽出し、その情報を使用して強制ガイド式の安全リレーをオン／オフする機能をもちます。

AS-Interface Safety at Workは、IEC61508の「SIL3」に基づく安全性が要求される用途や、ISO 134849のパフォーマンスレベル「PL＝e」に基づく安全性が要求される用途での使用が認められています。

5．おわりに

AS-iは現在、プロセスや装置システムにおいて、デジタル、アナログ、および安全信号を伝達するための最下層のオープンネットワークとして世界中で採用されています。今後も、より多くのデバイスをよりシンプルに構築できる最適ネットワークとして、さらなる発展にご期待ください。

74　　　2章　ネットワークの種類

2-3-2　IO-Link

　工場の産業用オートメーションにデジタル通信技術が導入され、すでに25年以上となり、工場現場では各種フィールドバス、産業用Ethernet等を使用して、多くのオートメーション機器間で、自由にデータと情報のやり取りができるようになりつつあります。

　ただし、オートメーションをさらに進化させるためには、工場のすべての機器をデジタル通信でつなげて、情報を共有する必要があるのですが、現実にはまだそうなってはいません。

　特に工場現場に一番近いセンサ（測定器）、アクチュエータ（操作器）は（一般的に）非常に安いコストで供給されることが求められており、Ethernetなどを使ったデジタル通信機能を搭載すると機器の価格が高くなってしまいます。そのため、工場で多量に使用されているにもかかわらず、センサ・アクチュエータまでにはデジタル通信が届いていないことが多いわけです。

　IO-Linkはこの課題を解決するため、現場の（比較的価格の安い）機器もデジタルネットワークに接続し、測定値、操作値だけでなく、パラメータデータ、診断データ、そしてイベントの通信を可能にする技術です。IO-Linkの

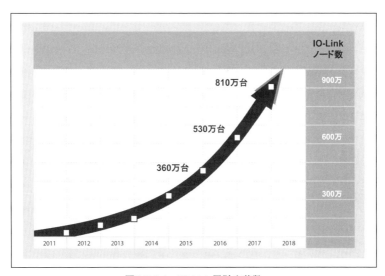

図2-3-2-1　IO-Link累計出荷数

コンセプトはすでにマーケットで受け入れられ、2017年末までに累計810万台の機器が全世界で納入されました（図2-3-2-1）。特に2016年と比べると、2017年は納入機器数が60％以上増えていることが注目されます。

またIO-Linkは、国際規格IEC 61131-9となっています。

1．IO-Linkとは

IO-Linkシステムではマスタとデバイスを3本の導線（シールド不要）を使って1対1に接続します。多くの場合、IO-LinkマスタはリモートIOまたは制御機器（例：PLC）の入出力カードとなっています。マスタは複数のポートをもっており、複数のIO-Linkデバイスと接続します（図2-3-2-2）。

IO-LinkマスタはIO-Linkデバイスと上位の制御機器との間に位置して、データのやり取りを仲介します。IO-LinkマスタがリモートIOの場合、リモートIOの上位、つまり制御機器とリモートIO間はフィールドバス、また

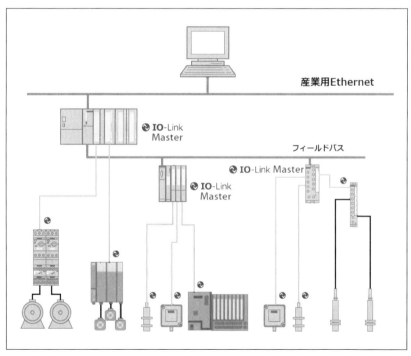

図2-3-2-2　IO-Linkシステム構成

写真2-3-2-1　ヨーロッパの展示会（ハノーバメッセ2018）におけるIO-Linkパネル

は産業用Ethernetでつながります。現在、IO-Linkマスタでサポートされているフィールドバス、産業用EthernetとしてPROFIBUS, PROFINET, Interbus, EtherCAT, Powerlink, EtherNet/IP, Modbus TCP, SERCOS III, CC-Link, CC-Link/IE, DeviceNet, AS-Interface, serial, USBなど、多彩なプロトコルが用意されています。この多様な接続性がIO-Linkの魅力の1つです。つまり、IO-Linkは既存のフィールドバス、産業用Ethernetと競合しないうえ、どのネットワークとも接続できるオープン性をもっています。

　また、デバイスの種類も、エンコーダ、圧力センサ、レベルセンサ、温度センサ、近接センサ、超音波センサ、ビジョンセンサ、流量センサ、距離計、RFIDシステム、低電圧スイッチギア、真空機器、バルブ、回転機、信号灯など9,000種類以上の機器がすでにマーケットで販売されています（2018年3月現在）（**写真2-3-2-1**）。

2．技術概要

（1）Point-to-Point接続：マスタの各ポートが1個のIO-Linkデバイス（現場機器）とつながり、中間に機器は接続されません。つまり、マスタとデバイスのPoint-to-Point接続であり、バス接続ではありません。

（2）信号線は3線式、電源供給（24V）も可能です。

（3）ケーブル最大長20m。

（4）インタフェース部はM12、M8コネクタ、または端子接続を使うのが一般的です。

（5）通信速度：4.8kbps、38.4kbps、230.4kbpsの3種類

（6）データ更新周期：38.4kbpsの通信速度で約2msecごとにデータ更新

（7）IO-Linkでは以下の4種類のタイプのデータを通信できます。

①プロセスデータ

現場機器の測定値と操作値であり、周期的に通信されます。最大長は32バイト。

②バリューステータス

バリューステータスとはプロセスデータの有効／無効を示す値であり、プロセスデータとともに通信されます。

③デバイスデータ

デバイスデータとはパラメータ、機器の識別データ、そして診断データとなります。これらのデータはマスタからのリクエストにより、非周期で通信されます。

④イベント

アラーム等のイベントがデバイスで発生した場合、デバイスはマスタにこのイベントを読むようリクエストすることができます。

（8）IODDについて

IODD（IO Device Description）は、IO-Linkデバイスの仕様をXML形式で記述するファイルです。IODDは各IO-Linkデバイスごとにベンダーから提供されます。IO-Linkマスタに接続されるIO-Linkデバイスの設定にはIODDを（基本的に）使用します。IODDは一般に公開されており、IODDFinder（https://ioddfinder.io-link.com）からダウンロードできます。

3．IO-Linkを採用するメリット

（1）IO-Linkを使うと、今までアクセスできなかった、センサ・アクチュエータ内のデバイスデータも監視・設定できるようになります。たとえば、機器管理パラメータを使って、実際に稼働しているセンサ・アクチュエータ

の機器情報（例：ベンダー名、モデル名、シリアル番号、バージョン等）を機器自身から読み取ることができます。工場の中には数千台、数万台のセンサ・アクチュエータが存在しますので、正確な機器情報をもつことは、ラインの安定稼働に欠かせません。また、診断用のパラメータを収集することで、予知保全に役立てることもできます。

　（2）今までセンサ、アクチュエータの接続は、2線式、3線式、無電圧、有電圧など、機器によりさまざまでした。IO-Linkではハードの接続仕様を統一できます。つまり、ケーブル接続の間違いがなくなります。また、エンジニアリングで指定した設定と異なるIO-Linkのデバイスをマスタに接続するとエラーを出すこともできますので、間違った機器をつなぐことがなくなります。

　（3）センサ、アクチュエータをそれぞれ1個ずつ制御機器まで配線するより、IO-Linkとフィールドバスまたは産業用Ethernetを組み合わせて接続した方が、配線工数を削減できます。

4．IO-Linkの新しい技術

　IO-Linkをより使いやすくするために、IO-Link Wireless（無線）とIO-Link Safety（安全）の仕様が最近公開されました。

　（1）IO-Link Wirelessは、有線接続では難しいアプリケーション（たとえば、可動体、ロボットなど）にIO-Linkの応用範囲を広げることが期待されています。

　IO-Link Wirelessは、2.4GHz ISMバンドを使い、周波数ホッピング方式を採用することでほかの無線との干渉を少なくしています。1つの無線チャンネルで8台の無線デバイスと通信でき、無線マスタは最大5つの無線チャンネルを実装できます。また、1つのセル内には最大3台のマスタが設置可能です。データ交換の周期は5msecとなります。

　（2）IO-Link SafetyはBlack channel技術を使って、安全システムの通信を構築する技術です。IO-Linkだけで安全通信を行うこともできますが、すでに多くの産業用ネットワーク団体から発表されている安全通信と組み合わせて使うことができます。IO-Link機器をつかうため、安全システムでもコスト削減、容易なエンジニアリングが実現できます。

（3）IO-Link機器のデータを工場の上位システムと直接接続するために
IO-LinkのOPC-UA接続仕様の検討も進んでいます。

5．日本でのサポート

IO-Linkの日本での普及をサポートするために、IO-Linkコミュニティ
ジャパンが2017年4月に発足しました。2018年10月現在、32社が参加して
おり、以下に示すとおり積極的に活動を進めています。

1）早稲田大学理工学研究所にて、IO-Link体験コースと技術コースを開催
2）IO-Linkの概要説明とベンダデモを行うIO-Link紹介セミナの開催（毎年
　2回程度開催）
3）HPの開設
4）カタログ、技術資料の公開
5）展示会への参加

繰り返しますが、次世代工場では、デジタル技術を今よりもっと活用する
ために、工場内のすべての機器がデジタル通信でつながることが求められま
す。IO-Linkは現場に最も近いセンサ・アクチュエータのデータを取り込み、
フィールドバス、産業用Ethernetとともにスマート工場を構築する技術とし
て、ご注目いただきたいと思います。

2-4 ［ プロセス・オートメーション用

2-4-1　FOUNDATION Fieldbus

➡ ポイント

- FOUNDATION Fieldbusは、主にプロセス・オートメーション用の
  フィールドバスです。
- ただ単にアナログ信号をデジタル化して通信をするのではなく、従来、
  制御機器にて実行していた制御演算（PID演算等）を現場機器内に置く
  など、通信と制御の統合が考えられています。

1．FOUNDATION Fieldbusとは

　FOUNDATION Fieldbusは、アメリカに本部を置くFieldComm Group
（フィールドコムグループ）が世界中で普及を促進しているフィールドバスの
名 称です。FieldComm Groupは、FOUNDATION Fieldbusを開 発した
FIELDBUS FoundationとHART Communication Foundationが2015年に合
併して発足しました。2018年8月1日現在、全世界で370社を超える会員を
もち、579の製品が認定製品として登録されています。日本においては1994
年に前身であるフィールドバス日本協議会を設立した後、2004年にはNPO
法人となり、2016年にはFieldComm Groupの発足に伴いNPO法人日本
フィールドコムグループとなりました。2018年5月時点で、44社が会員と
なっています（**図2-4-1-1**）。

　FOUNDATION Fieldbusの目指すところは、今まで使われていたアナログ
信号の伝送を単純にデジタル化するというだけのものではありません。デジ
タル技術の進化により変化する将来のプロセス・コントロールシステムの姿
を考えた上で、現場レベルの通信・計測制御機能がいかにあるべきかを検討
することからFOUNDATION Fieldbusの議論が始まりました。

　FOUNDATION Fieldbusの特徴は次のとおりです。

81

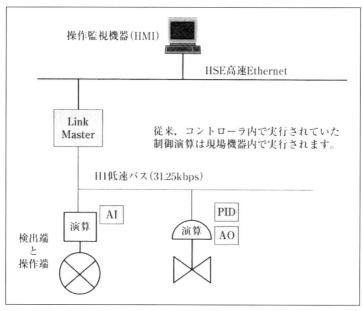

図2-4-1-1　FOUNDATION Fieldbusを使ったシステム構成

2．バスの種類を低速バスと高速バスの2種類に分けている

　従来の4〜20mA信号の代替は、低速フィールドバスH1で行います。1本のH1バスにつながる計器数は、仕様では最大31台です。実際のプラントでは、これより多くの機器が使われるので、複数のH1バスをつなげて、多数の機器をコントローラに入力するための高速バスH2が計画されました。もともとの計画では、H2は1Mbpsまたは2.5Mbpsのスピードでした。現在は、そのH2の代わり、またはより進めた形として高速Ethernet（HSE）100Mbpsを使う仕様が決定しています。HSEは高速・広帯域で、冗長化、サブシステムとの相互運用性など工場全体をカバーする上位レベルのネットワークとしての十分な機能をもっています。しかしながらHSEの開発に時間がかかったこともあり、HSE開発以前にFOUNDATION Fieldbusを採用したDCSでは制御装置に直接H1バスを複数接続する構成を採用している場合も多くみられます（図2-4-1-2）。

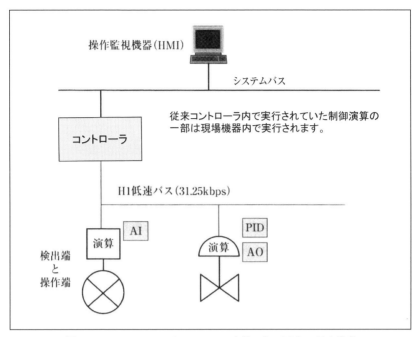

図2-4-1-2　FOUNDATION Fieldbusを使ったDCSシステム構成

3．フィールドバスの通信対象として、ファンクションブロック（オブジェクトモデル）が提供される

　FOUNDATION Fieldbusでは、プロセス制御に使用するプロセス値についてはコントローラが流量計や温度計と単に値を通信するという形でなく、コントローラ、流量計や温度計の中にあるファンクションブロック同士が通信する形になります。このファンクションブロックの種類として、AI（アナログ入力）、AO（アナログ出力）、DI（デジタル入力）、DO（デジタル出力）のほかに、PIDまたは演算器などもあります。ファンクションブロックに注目することで、ハードウェアと機能の分離を図りたいとともに、今までコントローラ内部で行っていたコントロール機能をフィールドに分散化したいという意図があります。

4．H1上の機器の種類として、BASIC機器とリンクマスタ（LM: Link Master）機器がある

BASIC機器は現場機器です。リンクマスタ機器は、LAS（Link Active Scheduler）機能をもち、通信のトラフィック制御を実行します。LAS機能はプロセス制御に係る通信についてはあらかじめどの順番に、どのデータを、どの機器が送るかコンフィギュレーションされた通信を定周期で実行させます。この通信は定周期の通信ですが、H1ではアラームやパラメータの読み書きなどの非周期通信も実行できるようトークンによる通信も同時に行われます。

5．FOUNDATION Fieldbusは機器の現在値だけでなく、機器の製作メーカ、型名、シリアルナンバ等、通常パソコン等で行われている機器管理をするためのデータも提供できる

FOUNDATION Fieldbusは単にデジタル通信だけでなく、次世代のプロセス・コントロールシステムのあり方を考えて開発されました。そのため、本格的に導入するならば、アナログ信号のリプレースというだけでない大きなスコープでシステムを考える必要があり、またそれがFOUNDATION Fieldbusを最も有効に生かす方法と筆者は考えます。

2-4-2　HART

1．はじめに

HARTは、当初アナログ伝送（4 ～ 20mA）にデジタル伝送を重ね合わせた通信技術およびプロトコルとしてスタートしましたが、現在では4 ～ 20mAだけでなくWireless（Wireless HART）、TCP/IP（HART-IP）など物理層に依存せずに利用範囲を広げています。

本編では有線方式（以下、有線HART）、無線方式（Wireless HART）、TCP/IP ネットワーク上での利用規格であるHART-IPについて順に説明します。

2．HART規格の歴史

HART（Highway Addressable Remote Transducer）プロトコルは、アメリカのRosemount社によって4 ～ 20mAに重畳されるデジタル通信規格として

1983年に開発され、1986年に公開されました。Rosemount社はプロセス用伝送器（流量、圧力、温度、液位等の測定機器）でアメリカの最大手であり、その後、Fisher Control社と合併しました。当初は、HARTプロトコルはRosemount製のプロセス用伝送器に搭載されていたが、公開されたのちに1993年にHART通信協会（HART Communication Foundation）を設立し、そこに権利を譲渡することでオープン化して、ほどなく4 ～ 20mA計器用通信プロトコルとしてデファクト・スタンダード化しました。2007年に無線規格を追加、2008年にはIEC61158として国際標準化されました。

2015年にFOUNDATION Fieldbus協会とHART通信協会が統合し、FieldComm Groupとしてプロセス用デジタル通信規格管理団体として現在に至っています。

さらに、FieldComm Groupでは、HART、FOUNDATION Fieldbusおよびそれらで利用されているデバイス記述規格であるEDDL（Electronic Device Description Language）およびその発展版であるDevice Packageを含めたFDI（Field device Integration）の仕様策定も行っています。これらは単に機器の通信仕様を統一化するだけではなく、通信した結果得られた情報が特定のプロトコルを前提とせずに管理を含めたさまざまな目的で利用しやすいように、オープンかつ普遍的に利用できるためのものです。

3．HART

従来の4 ～ 20mAのアナログ伝送方式は現場（フィールド）に設置されている伝送器（温度、流量、圧力、レベル等の検出端）と計器室のコントローラを一対のケーブルを通して基本的には1対1で接続します。このケーブルには現場の検出端の信号レベルが0％のときは4mA、100％のときは20mAの電流信号が流れます。HARTはこのアナログ信号にデジタル信号を重ね合わせたものです。具体的に言うと、HARTはアナログ信号をベースラインとして、その上にデジタル信号が‘0’のときは2,200Hz、‘1’のときは1,200Hzの周波数変調されたデータを乗せます。これにより、アナログとデジタル両方のデータの伝送を同時に可能にしました。一般にプロセスで使われるコントローラ等の受信計（あるいは操作器）はこのデジタル信号をアナログ信号の受信に影響しないノイズとして処理します。したがって、操作用の主信号に

影響させずにデジタル信号を分離して利用することができます (図2-4-2-1)。

当初、HART通信は主に機器の校正等で使われておりましたが、機器のインテリジェント化が進むにつれ、機器のもつさまざまなデジタル情報の常時利用が期待され、現在では4～20mAのアナログ系制御に加え、デジタル情報の常時通信も盛んになりました。現在では校正用に都度接続して利用するタイプの機器、既存のアナログループに追加し常時HART通信を可能とするHART通信装置、はじめからHART通信データを装置内で利用する前提で作られた組み込み型制御システムなどさまざまなタイプのものが用意されています (写真2-4-2-1)。

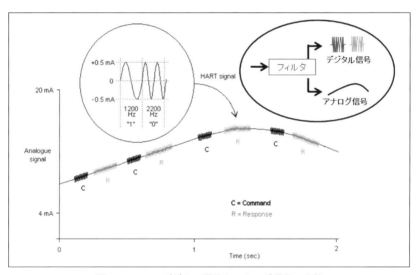

図2-4-2-1　デジタル信号とアナログ信号の分離

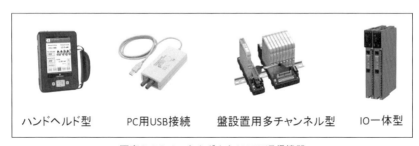

写真2-4-2-1　さまざまなHART通信機器

有線HART規格も省配線を実現するために、1対1の通信形態だけでなく
マルチドロップで一対のケーブルに複数の伝送器をつなぐ仕様を公開してい
ます。ただしこの場合でも、デジタルの通信速度は1,200bpsと低く、1sec間
に伝送できるデバイスは1～2個程度に限られています。したがって、マル
チドロップモードでは温度等の変化がきわめてゆっくりとしたループでしか
使うことができないと思われます。

【HARTの特徴】

(1) 従来のアナログ信号配線と比べて、次のメリットがあります。

- 信号がデジタルですので、高い精度での伝送ができます。
- 1つの機器から複数の情報を取り出すことができます。
- 機器の自己診断を確認することができます。
- 機器の校正がアナログでなく、デジタルで行うことができます。

(2) 伝送器から機器データ（製造者、型名、シリアルナンバー等）、校正記録
　　等を保存することにより、機器管理データベースを簡単に作成できます。

(3) 以上の機能が既設の信号配線や計器室に大きな変更を加えることなく、
　　かつ従来のアナログ方式の設計・運用方法に大きな変更がなく導入でき
　　ます。

(4) 機器を運転に運用中でもアナログ信号に影響なくデジタル通信が可能な
　　ため、常時接続によって機器の運用情報を監視、統計データ化を簡単に
　　実現できます。

　このうち当初着目されたのがデジタルで機器の自己診断と校正ができるこ
とと、機器管理データベースの機能です。一般のプロセス・オートメーショ
ンの工場（たとえば、石油精製、石油化学、化学、薬品等）では、各工場の
保全担当が工場で使用されている伝送器、計器の校正を機器内のボリューム
ねじで行い、その記録を手作業のPCで保存していました。HARTはこの作
業を大幅に軽減しました。そして、一度このようなデータベースを使うと、
次の計器の交換時にもHARTプロトコルを使用するようになります。もとも
と、診断機能、校正、機器管理等は毎日行うものでなく、月または年単位で
行うものなのでデジタル化された記録があることでより確実にトレーサビリ
ティの高い作業を行うことができます。

日本でのHARTの普及は遅れていましたが、企業のグローバル化が進みデジタル情報の利用が盛んになるのに従って増加傾向にあります。特に最近では、IIoTなどの活用推進に影響され利用されていなかった機器の各種情報を活用する試みが注目されています。これを実現するための手段として、大々的な一括更新が必要なフルデジタルフィールドバスに比べ、わずかな設備を追加するだけで対応できるHARTでのデジタルインフラ化が期待されています。

4．Wireless HART

WirelessHARTはHART規格の一部で、通信媒体を無線に拡張したものです。2007年にHART7仕様の一環として規格化されました。また、2010年にIEC62591として国際標準化されています。

物理層はIEEE 802.15.4-2006@250kbps、周波数帯域は2.4GHz（チャンネル数15）、出力が10mWのとき見通しの利く屋外で200m以上の通信距離を確保できます。また、多くの国で特別な無線基地局免許の必要がなく自由に利用できます。

（1）WirelessHARTの通信ネットワーク

WirelessHARTは、ネットワークトポロジーとしてスター型、メッシュ型、マルチホップ型がサポートされており、そのすべてが複合される形でネットワークを構成します。WirelessHARTゲートウェイ（無線局）では、ネットワークを構成する各ノード間の通信電波強度を常にモニタリングし、最適なネットワークを自動的に構成します。このため、ノード間に通信の品質を低下させる障害物や電波干渉が生じても、最適な通信経路を通信可能な経路の中から自動的に選択してネットワークを自己修復します（図2-4-2-2）。

また、WirelessHARTの時分割チャンネルホッピング技術は、2.4～2.483GHz帯を15のチャンネルに分けて、通信スロットごとにチャンネルをホッピングさせることで、他無線規格との耐干渉性に優れるとともに、セキュリティ面に対しても効果があります。

WirelessHARTの通信では、各ノード間の通信はアルゴリズムAES128を用いて暗号化されています。また暗号カギは定期的に変更されるので特にセキュリティを考慮した仕様になっています。

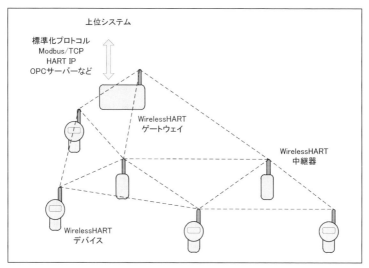

図2-4-2-2　HART-IPの構成

(2) WirelessHARTの適用アプリケーション

WirelessHARTは、特に次に記述する用途が効果的だと言われています。

1) 計測ポイントが移動体、回転体など、もともと配線できない場所への利用が可能になります。
2) 飛び地、道路などを挟んだ場所や露天掘りなどの有線による配線がコスト面、工事面で現実的ではない所への利用が可能になります。
3) 遠隔操作ができるので、高所作業や危険場所での作業の削減や現場指示計をワイヤレス機器に置き換えることによる現場での計測値の収集作業の削減が可能で、結果的に作業安全の向上に貢献します。
4) フィールド機器の遠隔操作は、診断情報の収取や設定情報の記録も同時に行えるので、管理コストの削減にも貢献します。
5) 設備の改善面からみれば、ワイヤレス機器であれば機器の設置や撤去が簡単に行えるので、プロセス最適化のための一時的なデータの収集も低コストで実施できる効果もあります。
6) 災害の多い日本では、電池で動作するWirelessHART機器は、計装設備のバックアップとしても有効で、地震や津波などによる電源喪失やケーブル破損の際の早期復旧に貢献した実績もあります。

表2-4-2-1

	安全システム	重要制御	ON-OFF制御	監視	遠隔監視
従来技術	◎	○	◎	○	△
Fieldbus	△	○	◎	○	△
WirelessHART	△	△	○	◎	◎

　なお、FieldComm Groupでは、WirelessHARTは特に監視や遠隔監視のア
プリケーションに適しており、これら分野では、将来有線による計装に代わ
るものとして考えています（**表2-4-2-1**）。

（3）WirelessHART製品のカテゴリ

　WirelessHART製品には、ゲートウェイとなる無線局と検出器となる
フィールド機器があり、検出器側にはさらに一体型とアダプタタイプがあり
ます。

●ゲートウェイ（無線局）

　ゲートウェイでは、ワイヤレスネットワークの設定やセキュリティの管理の
ほか、ワイヤレスネットワークに組み込まれたフィールド機器の計測変数や
通信電波強度、電池寿命などの情報の確認や上位システムと通信するデータ
のアサインなどのエンジニアリングも行います。ゲートウェイには、上位シ
ステムとのインテグレーションのためにModbus/TCPを始めとするさまざ
まな標準的なプロトコルやHART-IPやOPCサーバ、FDTなど多くの仕様が
サポートされており、既存システムや汎用システムとの簡単なインテグレー
ションが考慮されています。ゲートウェイには、30台程度のノードを扱える
ものから250台のノードを扱えるものまで、複数の種類が製品化されており
ネットワークの規模に応じて選択の幅があります。

●ワイヤレスフィールド機器

　フィールド機器のうち一体型のワイヤレス機器は、無線用に専用設計され、
交換可能なバッテリーが内蔵されています。専用に設計されているので、特
に省電力で電池寿命が長い特徴があります。

90　　　　2章　ネットワークの種類

アダプタタイプのワイヤレス製品は既存のHART機器に組み合わせることで有線HART機器をWirelessHART機器として利用できます。一体型では利用できない計測器や手持ちの計測器をワイヤレスにできる利点があります。また、アダプタに電池を内蔵しているものは、組み合わせる機器に給電もできるので一体型のワイヤレス機器と同じように使用できます。また、単体で利用すればリピータとして機能するのでネットワークに冗長化にも有効です。アダプタタイプは、電源も電池タイプ以外にソーラー電源タイプやAC電源タイプ、DC4-20mAのループ電源タイプまでさまざまなものがあり、さまざまな設置条件にも対応できる特徴のあるものが製品化されています。

　なお、市販化されている製品では、全方位アンテナで250m程度、高感度アンテナで800m程度、指向性アンテナを使うと1,200m程度までの通信距離を確保でき、ネットワーク構築においても非常に柔軟に対応できます。

5．HART-IP

- HART-IPは4～20mAアナログ機器用のデジタル通信方式のデファクト・スタンダードである有線HART通信やフィールド無線ネットワーク規格であるWirelessHARTで使われているHARTプロトコルをTCP/IP上で利用するための規格です。

- 有線HART機器、WirelessHART機器とGatewayを介しEthernetなどのTCP/IPネットワークと直接接続する際に使われる規格でありポート番号5094でInternet Assigned Numbers Authority（IANA）に登録されています。

- UDPもしくはTCPのペイロードとしてHARTプロトコルを透過させる規格なので、有線もしくはWirelessHARTに慣れている利用者にとってはとても単純で理解しやすいプロトコルになります（**図2-4-2-3**）（**表2-4-2-2**）。

（1）HART pass-through PDU

　HARTコマンドのリクエストおよびレスポンスフレーム自身であり、この部分はデータリンク層によらずに同じになります。データリンク層が4～20mAで一般的なFSK（周波数変調）であれば先頭にプリアンブルを付加す

91

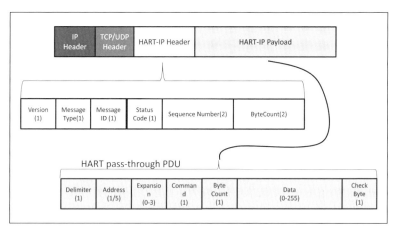

図2-4-2-3

表2-4-2-2

名 称	Size	形 式	説 明	クライアント	サーバ
Version	1	Unsigned 8	プロトコルバージョン番号（現在1のみ）	1に設定	サポートしているバージョンの値を返信
Message Type	1.7-1.4	4bit	Bits 1.4-1.7＝Rasarvad	常に0	常に0
	1.3-1.0	4bit-Enum	0＝Request 1＝Response 2＝Publish/notification 15＝NAK それ以外は予約	Requestで送る	Requestに対してはResponseとするバーストメッセージはPublish/notificationとして返信
Message ID	1	Enum-8	0＝セッション開始 1＝セッション終了 2＝Keep Alive 3＝Tokan-Passion PDU それ以外は予約	目的に応じて設定	同じ値を設定し返信する
Stabus Coda	1	Enum-8	上記IDを受けた結果を示すコード	0を設定	結果に応じて設定 0＝成功
Sequence Number	2	Unsigned 16	パケットごとにインクリメントする連番（ラップラウンド）	クライアントで管理	Requestに対しrasponseは同じ値を返す。Publish/notificationの時はサーバ側で管理
Byte Count	1	Unsigned 16	本ヘッダおよびデータを含めたバイト数	送信バイト数で設定	返信バイト数で設定

ることで実際の送受信データとなります。HART-IPではこの情報をTCPパケットもしくはUDPパケットに乗せて最終目的デバイスに届けることを可能としています。

一般にHART-IPはコンピュータからGateway機器を介して有線HART、WirelessHART機器に通信を中継する目的で利用されますが、Gateway機器自体もHART機器としてその属性情報（接続デバイス数、チャネル数）、設定などもできるように規格化されています。さらにはHART-IPで直接送受信可能なフィールド機器も有線HARTやWirelessHARTと同様に実現できるような仕様となっています。

　ちなみに、HART PDU長は256バイト以下となるのでUDP/TCPの1パケットサイズに収まるようになっています（**表2-4-2-3**）。

　HART-IPに対応した機器には、有線HART Gateway、WirelessHART Gateway、HART通信サーバ（ソフトウェア）があります。これらの機器を使うことでTCP/IPネットワーク上から末端の有線HART機器、WirelessHART機器に直接アクセスすることが可能になります（**図2-4-2-4**）。この点が今世の中で盛んに言われているIoT、IIoTを実現するプロトコルとして注目されています。クラウド上からHART-IPを介して末端のデバイスの状態や測定値、操作値を監視することも可能となっています。また、ERPやプラント情報システムの一部でもHART-IPに直接対応するAPIを開発する動きがあります。

表2-4-2-3

名　称	Size	形　式	説　　明
Delimiter	1.7ビット	Bit	アドレス形式（0＝1バイト、1＝5バイト）
	1.6-1.5	Bit size	拡張数（0〜3）通常0
	1.4-1.3	Bit Enum	物理層が非同期か同期かの識別
	1.2-1.0	Bit Enum	フレーム形式 （2＝リクエスト、6＝レスポンス、1＝バースト）
Address	1.7	—	セカンダリマスタ、プライマリマスタの識別
	1.6		バーストモードであるかないかの識別
	1.5-1.0		ショート形式の場合ポーリングアドレス （マルチドロップ対応）0〜63が使用できる
	0〜4	—	ロング形式の場合下位3バイトはデバイスIDであり上位1バイトは上の1.5-1.0と合わせて利用され拡張デバイスタイプとなる
Expansion	0〜3		通常存在しない
Command	1		コマンド番号
Byte Count	1	byte	0〜255の値を取り、コマンドに応じ付加される データ数が設定される
Data	0〜255	bytes	コマンドに応じた設定、返信データ
Check Byte	1	byte	デリミタから始まるフレーム全体のXORを取ると0となるような値

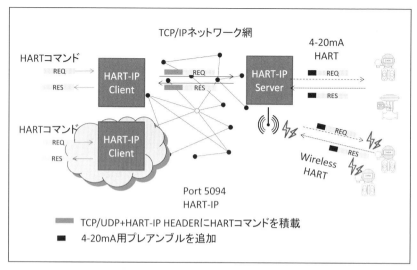

図2-4-2-4　HART-IP通信ネットワーク

（2）HARTのコマンド体系

　HARTプロトコルでは、物理層によらずコマンド体系は共通となっているので、簡単に紹介します。

【ユニバーサルコマンド】 HART機器であれば、必ずサポートしているコマンドです。デバイスの基本的な情報を取得することができて、かつタグ名などの識別情報の設定に対応しています。現在22種類のコマンドが決められています。

【コモンプラクティスコマンド】 HART機器としてさまざまな機能を実現するために必要なコマンドを標準化し用意しています。機器が該当する機能をもっている場合はこちらのコマンド体系で実現されることを推奨しています。これによりベンダによらずすべてのHART機器の基本的な設定を統一的に取り扱うことが可能となっています。4～20mAレンジの変更、ダンピングの調整、4～20mA変換調整、無線管理、ゲートウェイデバイスの管理に必要なコマンドが106種類決められています。

　したがって、上記コマンドの範疇であればベンダや機器タイプによらず共通となります。このコマンド範疇で収まっている機器（Generic Device）であれば後述のEDDLがなくても調整・設定が可能となります。

【ベンダユニークコマンド】機器固有な機能を実現するためのコマンドを実装するためのコマンド番号範囲を決めています。したがって、この番号範囲のコマンドは機器によって使い方が異なります。

　なお、すべてのHART機器はFieldComm Groupに登録され、一意に識別可能なようにベンダコード、デバイスタイプが付与されています。また、上記コマンドの利用方法を手続き化し、ベンダユニークを含め統一フォーマット（EDDL）でファイル化することで、各ベンダは自社機器専用の調整設定装置やアプリケーションを作ることなく調整設定が可能な仕組みも提供しています。なお、EDDLについては別章も参照ください。

2-4-3　PROFIBUS PA

　PROFIBUSには、主にファクトリーオートメーションで使用されるPROFIBUS DPとプロセスオートメーションでしようされるPROFIBUS PAの2つの種類があります。

　PROFIBUS PAはFOUNDATION Fieldbusと同じく、物理層はIEC61158-2の規格に準拠し、伝送スピードはともに31.25kbpsです。しかし、いくつか大きな違いが両者にあります。

　図2-4-3-1は現在、プロセスオートメーションで使われている典型的なコントロールシステムの構成です。アナログ、接点の検出端は1点ごとにコントローラの入出力カードと結合されます。制御演算はすべてコントローラ内で実行されます。図2-4-3-2はこのコントロールシステムをPROFIBUS PAを使ったシステムで置き変えた場合のシステム構成です。プロフィバスを使うと、従来のシステムの信号伝送部分だけを変更するのみであることに注意してください。この点が、FOUNDATION Fieldbusとの大きな違いです。

　プロフィバスをプロセスオートメーションに使用したときの特徴として、次が挙げられます。

1．PROFIBUS PAの特徴

　PROFIBUS PAの最大の特徴はFA用フィールドバスであるPROFIBUS DP、あるいは産業用Ethernet・PROFINETを上位にもつ点です。これによ

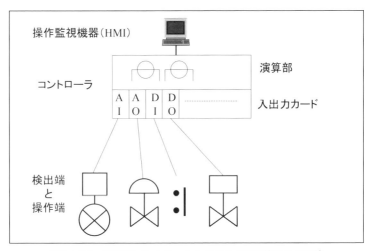

図2-4-3-1　従来のコントロールシステムと現場機器との配線

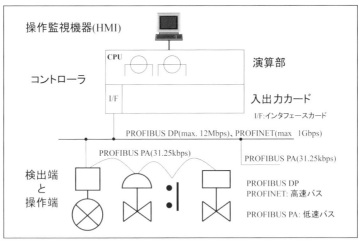

図2-4-3-2　PROFIBUS PAを使ったシステムとフィールドとの配線

り以下のメリットが出てきます。

（1）PROFIBUS PAが低速バス、PROFIBUS DP/PROFINETが高速バスという2層構造ができます。1本のPROFIBUS PAのラインには最大31台の現場機器が接続できます。たとえば、PROFIBUS DPを高速バスで使うと複数のDP/PA変換器をPROFIBUS DP上におくことができます。理論的に

は、1本のPROFIBUS DPラインに最大3500台以上のPROFIBUS PA機器を接続できるため、省配線が実現できます（実際の接続台数はPROFIBUS DPのマスターの通信領域、通信のパフォーマンスを考慮してください）。

（2）PROFIBUS DP/PROFINETラインには、FA用機器が接続できます。プロセス産業でもポンプ、インバータ、モータ遮断機などFA用機器をつなぐアプリケーションはたくさんあります。PROFIBUS PAとPROFIBUS DP/PROFINETの組み合わせで、ネットワーク全体として多くの工場現場機器に接続できることになります。

2．ソフトのプロトコル

ソフトのプロトコルはPROFIBUS DPと同じです。したがって、PROFIBUS DPとPAの間は、電気レベルを変換する変換器だけが必要です。つまり、PROFIBUS DPのマスター機器からはPROFIBUS DPとPAのスレーブ機器の違いを意識せずに通信できます。PROFINETを上位のネットワークとする場合は、PROFIBUS PA機器は変換機内部のモジュールとしてアクセスされます。

PROFIBUS DPと同様にPROFIBUS PAでも通信のプロトコルはマスター・スレーブ方式を採用しているため、スレーブ側は自分で通信を開始する必要がなく、スレーブ側のCPU／メモリは小さなものですみます。また、スレーブサイドの負荷が軽いために、高速応答（通常、1局あたり15msec以下）と消費電流の削減が可能です。プロセス計装では本質安全防爆を求められるエリアがあるために、消費電流が小さいことは重要なファクターとなります（ちなみに、FA関係を担当されている方には、10msecが高速応答か、疑問があると思います。PAでは測定する量が、温度、圧力、流量などであり、FAと比べて、比較的ゆっくりとしたスキャンタイムでも許されます。通常、コントローラのスキャンタイムは0.1～1.0sec位です）。

3．プロセスオートメーション機器用のプロファイルがある

PROFIBUS PAでは、プロセスオートメーションでよく使用される機器について、その機器内のデータの集まりをプロファイルとして定義しています。

PROFIBUS PA機器はこのプロファイルをサポートしなければなりません。その結果、製造ベンダーが異なっても、同一プロファイルをサポートする機器はエンジニアリングなしに、互換性を持ちます。プロファイルの例としては、圧力計、差圧計、レベル計、温度計、流量計、分析計、バルブ・ポジショナー、アナログ・デジタルI/O等があります。

PROFIBUS PAはPROFIBUSがヨーロッパで普及しているために、ヨーロッパでの使用が一番進んでいますが、アジアでもそのマーケットを広げています。PROFINETと組み合わせても使用できるので、プロセスオートメーションでのフィールドネットワーク利用はこれからますます盛んになると予想されます。

➡ ┌ポイント┐

トークン【token】

トークン【token】とは、証拠、記念品、代用貨幣、引換券、商品券などの意味をもつ英単語ですが、通信では通信を開始する権利を言います。トークンをもつ機器を限定することで、通信メッセージの衝突を避けることができます。

ファンクションブロック

ファンクションブロックはIEC 61131-3標準で定義されるPLCのプログラム5言語のうちの1つで、1つまたは複数の演算をブロック化してまとめたものです。5言語とは以下のとおりです。

- ラダー・ダイアグラム（LD言語）
- ファンクション・ブロック・ダイアグラム（FBD言語）
- ストラクチャード・テキスト（ST言語）
- インストラクション・リスト（IL言語）
- シーケンシャル・ファンクション・チャート（SFC言語）

98　　　2章　ネットワークの種類

産 業 用 ネ ッ ト ワ ー ク の 教 科 書

3 章
産業用ネットワークを
使うアプリケーション

3-1　制御

3-2　アラーム

3-3　安全

3-4　モーション制御

3-5　エネルギー管理

3-6　アセット管理、パラメータ設定

3-7　ロボットにおける産業オープンネットの使われ方

3-8　NC

3-9　映像

3-10　ゲートウェイ

3-1 制御

　JIS Z8116-1994「自動制御用語 一般」によると、制御とは「ある目的に適合するよう制御対象に所要の操作を加えること」と規定されています。

　この規定によると、私たちが家でお風呂の温度を適温にするのも、「制御」です。私たちはお風呂のお湯の温度を適温（たとえば40度）にしたいと思います。そのため、手をお湯の中に入れるとか、温度計を使ったりしてお湯の温度を測ります。もし、お湯が熱く感じられたら、水を入れて、温度を下げるでしょう。またぬるく感じられたなら、追い焚きをして、温度を上げるでしょう。これは「お風呂のお湯の温度を適温にするために」「お風呂に張ってあるお湯を」対象に、「ぬるければ、追い焚きをする」「熱ければ、水を入れる」操作を加えていることです（図3-1-1）。

　工場では、決められた品質以上の製品を、より効率よく、より低価格に、より安定的に、そして生産スケジュールに順守するよう製造、生産するために制御アプリケーションが使われています。たとえば、「モータの回転速度を一定にする」、「原料の温度を徐々に上げていく」、「スタートスイッチが押されたら、機械の運転を開始する」といったような制御を組み合わせて、生産が行われているわけです。工場ではすべての制御に人間が介在するわけでは

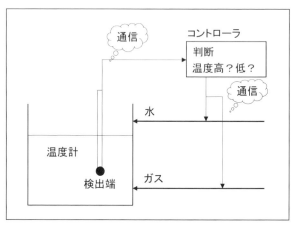

図3-1-1　お風呂の温度調節

ありません。多くの場合は、機械が人間の代わりに自動的に制御、つまり自動制御を行います。

自動制御を行うためには、「制御対象の信号を測定する検出部」、「検出部からの信号と目標値を元にして演算を行い、操作部への信号を決定する制御演算部」、「信号を操作量に変えて制御対象に働きかける操作部」で構成する制御システムが必要であり（**図3-1-2**）、産業用ネットワークはこのシステムの中で「検出部」と「制御演算部」の間、そして「制御演算部」と「操作部」の間の信号伝達を担当します。信号の伝送で大事なことは工場のほとんどの制御においては、制御演算部は新しいデータを使って演算した方が良いですし、新しい演算結果を操作器に伝達して、制御対象に働きかけた方が良い結果が出るということです（「新しい」の時間範囲、つまり、どのくらいの時間範囲内なら許容できるかは制御の内容によって変化します）。したがって、産業用ネットワークの中で制御に使われるデータは多くの場合、現在値に近いデータが対象となります。言い方を変えると、制御用のデータは頻繁に、遅れがないように伝送される必要があります。

１．制御と産業用ネットワークの歴史

産業用ネットワークが工場に導入された大きな目的は制御への応用でした。したがって、産業用ネットワークの歴史は制御アプリケーションとのか

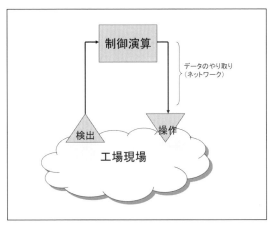

図3-1-2　制御システム

かわりと言っても言い過ぎではありません。

　きわめて大きなくくりですが、工業的にものを作る産業の分類として、プロセス産業とディスクリート産業で分ける方法があります。プロセス産業とは素材産業ともいわれ、原材料を熱と圧力を使って、組成を変化させて製品を作る産業であり、代表例は石油精製、化学などです（例：原油からガソリンを作る。など）。もう1つのディスクリート産業は組み立て産業ともいわれ、部品を組み立てて、製品を作る産業で代表例は自動車、電気機器などです（例：車の架台にエンジンをねじ止めする、シートをつけるなど）。プロセス産業のオートメーションをプロセス・オートメーション（PA）と言います。ここでは、現場のプロセス状態（温度、圧力、流量、レベル等）を測定信号し、制御演算機器としてDCS（Distributed Control System：分散型制御システム）を多く使い、操作信号はバルブに出力する形でPID制御を多用してきました。また、ディスクリート産業のオートメーションはファクトリ・オートメーション（FA）と呼ばれました。こちらは、現場からの信号がタイミング（スイッチ等）であり、制御機器としてPLC（Programmable Logic Controller：プログラム可能なロジックコントローラ）を使ったシーケンス制御を多く使用してきました。

　プロセス・オートメーション、ファクトリ・オートメーションともに、自動制御を使用していますので、「検出部」、「制御演算部」、「操作部」が存在します。産業用ネットワークが普及する以前は、1個のアナログデータまた接点（ON/OFF）データを検出部から制御演算部に送る、または制御演算部から操作部に送るとき、1対の電線を媒介として、電流、電圧の変化によって信号伝送を行っていました（アナログ伝送という）。たとえば、アナログ信号を4〜20mAの電流信号で送る場合は、4mAを0％、20mAを100％に対応させる。また、接点信号を送る場合は、9V以上をON、3V以下をOFFと判断するなどがその例です。

　工場において、このような1対の電線による信号伝送から、デジタル通信技術を使った1本のバスで多数の機器の信号を伝送する産業用ネットワークが使われ始めたのは、プロセス産業では1990年代後半以降、ディスクリート産業では1990年代前半以降です。

　ただし、今日、すべてのアナログ伝送が産業用ネットワークに置き換わっ

たかというとそうではありません。現在でも1対の電線を使い、機器と機器を1対1でつなぐ伝送方式はまだ広く用いられています。

2．制御で産業用ネットワークを使うメリット

1990年代以降、そして2000年代になって、工場で使われる現場機器が高機能化してきました。簡単にいうとCPUを搭載して、データの補正、診断、警報など、いろいろなことができるようになりました。すると検出器、操作器の中でもCPUを使っているのですから、データをデジタル値でもつことになります。

検出器、操作器がデジタル値でもっているデータを伝送のために、アナログ信号に変換するとD/A変換（デジタルデータからアナログデータへの変換）、逆にアナログ信号のデータをデジタルに変換するAD変換（アナログデータからデジタルデータへの変換）をすると変換のたびに、0.2から0.5％程度の変換誤差が発生します。現在の高機能化した検出器では0.01％以下での検出精度、操作器では0.1％以下の操作精度が期待できるのに、アナログ伝送を使い続けるとデータの精度が落ちますので、制御の性能を上げることができなくなります。制御演算器であるDCS、PLCはデジタルで動いているので、デジタルをそのまま伝送した方が、高精度な制御演算が期待できます。つまり、制御ということに限ると、信号の高精度伝送がネットワークに期待されるメリットでした。

3．制御が産業用ネットワークにもとめる要件

アナログ伝送からデジタル伝送に変更したときに、留意しなければならない1つの点は、信号の伝送遅れです。特にシーケンス制御を行うディスクリート産業とか、サーボモータの制御を行うモーションの同期制御ではこの点に注意しなければなりません。

データをアナログ伝送で送る場合は、信号の変化はすぐに相手機器に伝わります。しかし、デジタルのシリアル伝送では、データ値を同時に送るのでなく、ゼロイチのデジタル値に分解して、1ビットずつ順番に送っていきます（図3-1-3）。さらにネットワークにつながる複数機器のデータを順番に送るために、どうしても遅れが発生します。問題は信号の遅れが制御アプリケーションの許容範囲に入っているかです。

103

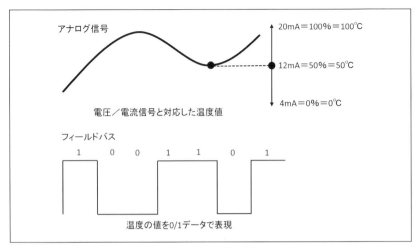

図3-1-3　アナログとデジタル

　それでは産業用ネットワークを制御に使う場合は、どのくらいの遅れの範囲または頻度でデータを送れば良いのでしょうか？　実は、今までの経験から制御が使われている業界によって、求められるデータの更新時間(周期)が異なると考えられています。これは制御対象の信号の変化しやすさに依存するからです。

　おおまかには、石油精製、化学などのプロセス産業など制御機器としてDCSを使う産業では産業用ネットワークの更新周期は100msecから4秒程度（多くは1秒以上）であり、ディスクリート産業などPLCを使う産業ではもっと早く4msecから30msec程度、また以後の章で述べるモーション制御ではさらに早く500μsecから2msec程度と言われています。

　また、制御が産業用ネットワークに求める別の要件は、以下などが挙げられます。

- 工場の厳しい温度、粉塵などの環境でも動作できる堅牢性
- 故障が発生しにくい、発生しても運転を継続できる、発生したら早い時間で回復できる機能

4．これからの制御と産業用ネットワーク

　産業用ネットワークは制御のアプリケーションに使われることで成長して

きましたが、産業用ネットワークを使うメリットは制御だけではありません。アナログ伝送はデータを送るだけの単機能でしたが、産業用ネットワークはデジタル技術を使うことで、高機能化が進んでいる現場機器（検出器、操作器)のデータ、情報を制御以外のアプリケーションにも供給できるようになっているのです。

3-2　アラーム

　産業用ネットワークが取扱うアラーム機能とは、現場から運転者（またはシステム）へのイベント情報です。たとえば、次のようなものがあり、これらは現場機器からのオンデマンドな情報となります。

- プロセス関連アラーム：測定値の上下限警報、変化率警報など
- 機器関連アラーム：ハードウェアのカード故障、センサの劣化など

　アラームは、イベントが起きたときに、早く、正確に伝えることが大切で、この点では、制御データのように周期的に通信を実行して、常に最新データを送る通信とは取扱いが異なっています。

　なお、アラームではありませんが、現場からのイベント情報としては、ほかに運転関連（工程の手動操作要求、運転準備完了など）もありますが、今回はこれには触れません。

　工場の運転中にアラームは発生しない方が良いのですが、実際には、いつも正常な状態で運転が継続するとは限りません。したがって、運転が正常でない状態（製品の生産に問題を起こす可能性がある状態）になったときに、できるだけ早く正常な状態にもどす必要があります。そのために、アラームが発生したなら、「どのアラームが」「いつ」「どこで」発生したかの情報を、早く、正確に伝達することは、生産を続けるためにはとても大切な機能です。またできれば、アラームの発生を伝えるだけでなく、そのアラームの発生が「運転にどのような影響を与えるか」、「アラームを解消する方法は」といった情報も運転員に与えることが望まれます。

105

付け加えると、アラーム情報は、製品の品質管理、ロット管理、運転トレースといった生産管理にも直接関係するため、注意深く扱う必要があります。

多くの産業用ネットワークは現場機器（検出器、操作器）と制御機器間のデータ通信だけでなく、アラームを伝える機能をもっています。ただし、現場機器から発生したアラームを上位機器に伝えるやり方は、それぞれの産業用ネットワークによって異なります。例として、PROFINETとIO-Linkを以下に示します。

● PROFINET では

PROFINETでは、コントローラとデバイス（現場機器）が最初に通信を確立するとき、制御データの通信関係だけでなく、アラームを通す通信関係も一緒に結びます。現場機器でアラームが発生したときは、アラームの通信関係のルートを使って、現場機器がアラーム情報をすぐにコントローラに通知します。PROFINETでは、デバイスからのアラームの通知はコントローラによって確認されることになっていますので、デバイスから通知を受けたコントローラは受信応答をデバイスに返します。その後、コントローラ内でアラームの処理が終了したら、コントローラは処理の終了通知をデバイスに流し、デバイスはその応答メッセージをコントローラに返します。

● IO-Link では

IO-Linkは制御データを通信するため、周期的にマスタがデバイスに通信メッセージを送り、デバイスはそれに対して応答メッセージを返します。もし、デバイスにアラームが発生した場合は、デバイスは周期データの応答メッセージの中の特定のスイッチをONとして、マスタに対してアラームが発生したことを知らせます。マスタはデバイスからくるメッセージの特定スイッチがONとなっていたら、アラーム発生と理解します。そしてデバイスに対して、そのアラームの詳細をマスタに送るよう要求します。

以上のように、産業用ネットワークは現場で発生したアラームを早く、正確に通知する機能があります。しかし、最終的にアラームは運転員（またはシステム）が理解できる形式で提示されなければなりません。現場機器でア

ラームが発生してから、運転員にその情報が到達するまでには、現状では次のような問題があります。

- 通常、現場機器がどのようなアラームを発生できるかの仕様は現場機器ベンダが決定します。したがって、同じような機器であっても、ベンダが異なるとアラームの表現方法は異なる場合があります。たとえば、モータの回転数をコントロールするインバータで、内部のコンデンサの正常な状態を100％として定義するベンダもいますが、0％として表示するベンダもいます。アラームの表現については、まだ統一的な表現形式はできていません。
- 産業用ネットワークのマスタである機器は、現場機器から伝達されるアラームをその内部に取り込まなければなりません。たとえば、PLCがマスタの場合は、アラーム情報はPLCの内部メモリに取り込まれます。このとき、アラーム情報の表現、保存方法はPLC各社の仕様に依存することになります。
- 運転者に通知するためには、HMIに表示、または通知音の発生、ランプの点灯などの方法が考えられますが、産業用ネットワークはデータ・情報の伝送だけを担当するだけです。どのように運転者に伝えるかは、HMI、パネルなどの仕様に依存することになります。

このことでわかるのは、産業用ネットワークでアラームを伝達はできますが、アラームの情報内容とか、持ち方、表現方法は産業用機器を製造するベンダの仕様による、つまり統一が取れていないのが現状です。

しかし、工場現場の機器からいろいろなアラームが出てくるのは仕方ないが、その重要度だけはわかるようにしようとする考えがあります。産業用ネットワークはオープンネットワークですから、さまざまなメーカのいろいろな機器がネットワークに接続されます。現在は、それぞれ勝手にアラームを出しているため、ユーザからするとアラームの洪水─たくさんのアラームが短時間で発生すると、どのアラームどのような意味をもっていて、どのアラームが本当に重要なアラームであるか、運転員が理解するのが難しくなる面もあります。

このようなアラームの洪水を防ぐために、ドイツの化学工業会NAMURが、機器のアラームのカテゴライズの要望をNE107として提出しています。

それのよると、機器の状態は次のように分類されて伝達されるべきとのことです。

- 正常
- チェック要求（Check function）
- 保全要求（Maintenance required）：すぐにチェックする
- 故障（Failure）
- 仕様外（Off-specification）：運転条件が違っている

産業用ネットワークは、現場機器から発生するアラーム情報を伝える役割を果たします。現場機器がどんどん機能を増やすと、より詳細なアラーム情報を伝達できるようになるでしょう。同時に、運転のアラームは、現場機器単体で検知されるだけでなく、ANDとOR条件（製品を作るため、反応釜が動作中AND圧力が規定以下など）を使ってアラームが認識される場合もあります。

そして、このようなアラームの説明、発生原因、対処方法は、文字列とか画像データでの伝送となるかもしれませんので、能力の低いネットワークを使うと現場機器から詳細なアラーム情報を伝送できない場合があります。たとえば、機器が故障したときに「補用品No.1000を倉庫からもってきて、機器に底部のねじを外して、交換してください（画像付き）」というような情報は現在では送られていません（機能としてこのような情報を送れる産業用ネットワークもあるが、使われていないということです）。

アラーム情報を正しく伝えることができないと、製品の品質に問題を起こす可能性があるだけでなく、工場の操業の継続に問題を与える恐れもあります。つまり「制御システムを構築する」とか、「アセット管理システムを作る」とかと同じレベルで、アラーム管理のために、1つのシステムを構築することを考えなければなりません。産業用ネットワークはアラーム管理システムの中で、現場機器からのアラーム情報を的確に運転員に伝達する機能の一部を担うことが求められるわけです。

108　　3章　産業用ネットワークを使うアプリケーション

3-3 安　　全

1．産業ネットワークの安全機能の役割

　一般的に、プレスや工作機械などに代表される産業機械や、ガス＆オイルに代表されるプラントにおいては何らかのリスクが存在します。たとえば、押しつぶし、せん断、切り傷、巻き込みなどが機械の可動部によって引き起こす機械的な危険源、感電等の電気的なもの、モータの熱によるやけどなどさまざまです。産業ネットワークの安全機能の役割は、防護装置が使用するネットワークに流れる安全制御に関するデータの誤りや欠損等による誤動作が引き起こす機械やプラント制御の暴走からの保護になります。保護の対象は大きく分けて3つあります。

　1つ目は機械の操作者や、保守メンテナンスを行う人間の保護です。たとえばロボットのティーチングや工作機械の治具の交換などで、機械の電源を入れたまま可動部に近づき手動操作、作業を行う場合、ネットワークの安全制御データがなんらかの理由で誤りを起こし、機械の誤動作を誘発してしまったら、非常に危険な状態になります。

　2つ目は機械やプラントの資産の保護です。上述のように安全制御データが誤りを起こし、たとえばロボットの誤動作による機械同士の衝突が起きた場合、資産に損傷を与えてしまいます。

　3つ目は特にプラントと密接にかかわる、環境保護です。プラントの安全制御の誤動作は大きな爆発などを起こす原因ともなり過去、化学プラントの大爆発で多くの環境的被害を引き起こした事例もあります。

　このように産業ネットワークの安全機能は、マシンやプラントの誤動作による危険源から防護する目的で、防護装置の通信の正確なデータ伝送を役割としている技術となります。

2．安全ネットワーク適用を可能にした機能安全規格

　このような技術が開発された背景には、2000年に策定されたIEC61508-電気・電子・プログラマブル電子安全関連系の機能安全規格が大きく関係します。この規格はIECが策定していた基本安全規格で、制御機器などのシステ

109

ムのリスクを軽減するために使用する制御機器などの電気・電子・プログラマブル電子機器の安全性を高めるための機能安全規格です。つまり、部品故障やバグ、誤動作が発生しても安全性を確保できる機能を規格化したものです。これまで、非常停止などの安全関連制御においては過去ハードワイヤのみ許可されていましたが、この規格に準拠することにより、安全関連制御データをネットワークを使用して通信で受け渡すことが可能となりました（過去、日本では非常停止や安全扉などの安全関連制御を機能安全機能をもたないプログラマブルコントローラにて制御することが行われており、しばしば問題視されていました）。

これにより、たとえば産業用オープンネットワークのPROFINET, PROFIBUSがサポートするPROFIsafe（図3-3-1）は世界で初めて機能安全に準拠し、国際規格のIEC61131-3-3や中国規格のGB/Z 20830-2007に規定されている機能安全プロトコルとなりました。多くの産業ネットワークはIEC61508のSIL3まで対応しており、

図3-3-1　PROFIsafe

ISO13849-1のPLeまでのアプリケーションに使用できます。これを活用することで安全関連制御のハードワイヤリングはリモートIO等を使用したネットワーク化され省配線化が可能になったほか、ドライブやロボットの機能安全機能と直接通信で安全関連制御データを交換することができ、インテリジェントな安全制御を実現するため、多くのアプリケーションで使用されています。

3．安全ネットワークの構成例

図3-3-2に一般的に産業用で使用される安全ネットワークの構成例を示します。安全ネットワークの経路、ネットワーク媒体、機器に影響を受けないブラックチャンネル方式（図3-3-3）を採用しており、ワイヤレス環境でも有線と同様、安全ネットワークとして安全制御に活用できます。また、1つのネットワークで一般制御と安全制御データを混在して伝送することができるので（図3-3-3）システムのネットワーク構成が非常にシンプルになり、省配線効果や安全制御の高度化だけでなく、保守、メンテナンス作業および部品管理労力の大幅な削減が可能となります。

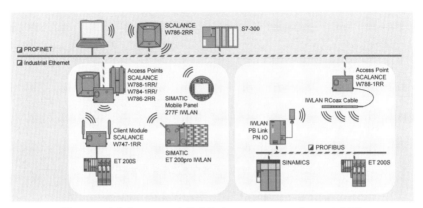

図3-3-2　安全ネットワーク構成例（PROFINET, PROFIBUSの例）

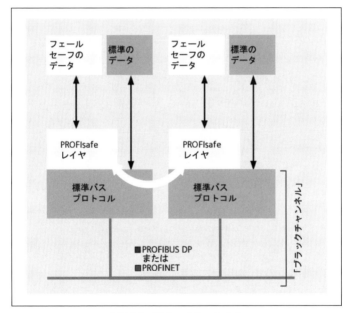

図3-3-3　ブラックチャンネル

4．安全ネットワークの活用―ワイヤレス安全通信

　ワイヤレス通信技術の発展や無線給電システムの実用化など、ワイヤレス通信を使用した制御が増えてきています。ワイヤレス技術は、AGV（Automatic Guided Vehicle）などのマシン自体が動作するものや回転する機器に使用さ

111

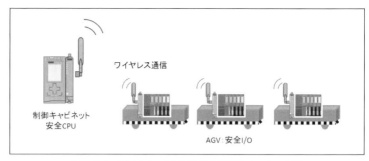

図3-3-4　ワイヤレス安全通信を活用したAGVの例

れ、断線などのトラブルを回避し、生産性を向上させると期待されています。しかし、これまでの技術では、安全は相変わらず有線で、典型的事例は無線給電の電源をコンタクタ等で遮断するといった単純なものでした。設備全体の電源を落とす、つまり本来止める必要のないAGVまで止めてしまっては、生産性への影響が懸念されます。このような場合、安全ネットワークを使用したワイヤレス安全通信の導入は有効です。前述したとおり、産業用ネットワークは一般制御と安全関連制御をワイヤレスで伝送することが可能となります。これによりAGVの制御データと安全データを、図3-3-4のように個々のAGVに安全I/Oを搭載して通信することができます。すると、エリアごとに必要なAGVだけを制御、または安全停止させることができ、設備の稼働率や生産性を向上させることが可能となります。勿論、安全IOとの通信を無線化するだけでなく、安全コントローラ間の制御、安全データを無線化通信することができるのでAGVを自立制御することも可能です。

5．安全ネットワークの活用—ドライブ安全

　安全は止めるだけの機能だけではありません。安全状態を監視し、安全状態であれば積極的にマシンを稼働させることもできます。安全センサや安全コントローラ、安全機能付きドライブを使用することにより、危険源により接近してマシンの状態を確認することができます。

　たとえば、ロボットアプリケーションにおいてティーチング後、自動運転による確認作業が必要になりますが、従来であれば確認は安全柵の外からしかできませんでした。確認しにくいがために、安全扉を無効化しロボットに

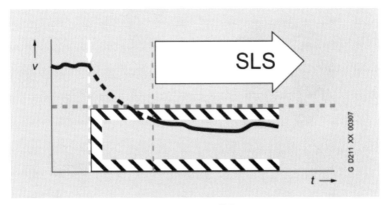

図3-3-5　SLS機能

近づいて確認することもあり、それが事故に繋がったケースが多くあります。これは安全機能がオペレータ作業の妨げになる典型事例ですが、たとえば、可変速ドライブシステムに関する国際規格IEC 61800-5-2のSafety limited speed機能を使うことにより、このような問題点は解決できます。

Safety limited speed（以下、SLS）は、規定のモータ速度超過を監視する機能で、常にマシンが安全なスピードで動作していることを監視し、規定速度超過が発生した場合、速やかにモータ駆動エネルギーを遮断する機能です（図3-3-5）。

この機能と安全センサを組み合わせて先ほどのアプリケーションに活用すると、ロボット動作中でも、安全扉を開けて柵内に入り、近づいて確認作業が行えます。図3-3-6のようにロボットは安全扉が開くと直ちに動作を停止させられるスピードまで落ちます。これにより、オペレータが危険領域に侵入しても安全が確保されます（安全センサ検出からロボット停止までのリアクションタイムとの関係があるので注意）。直ぐに停止できる安全なスピードで動作しているかどうかはSLS機能で監視します。これにより、オペレータは柵内でティーチング結果などの確認することができ、安全かつ使いやすいマシンとなります。また、制御機器も非常にシンプルな構成で、導入しやすいのも1つのメリットです。

図3-3-7のように、ネットワーク1本ですべての安全デバイスが繋がります。特にドライブ安全は数多くの機能があるため、従来ハードワイヤリング

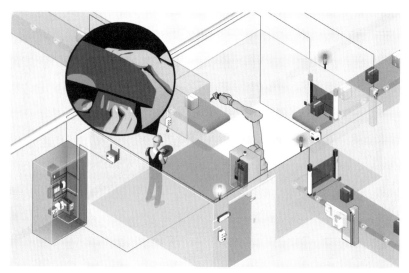

図3-3-6　ロボットシステムでのSLS機能使用事例

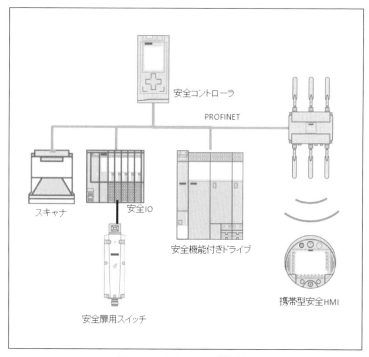

図3-3-7　安全ドライブ構成例

114　　3章　産業用ネットワークを使うアプリケーション

が多くなる傾向にありました。しかし最新技術ではネットワーク1本で接続できるので、省配線、エンジニアリング、コミッショニングの時間短縮に貢献できます。一般制御も同時に実行できるので、エンジニアリングや管理が非常にシンプルになることがわかります。

また、近年、PLCとロボットの連携の必要性はますます増えてきており、PLCでロボットの動作を制御することができるようになっています。図3-3-8は、KUKA社、デンソーウェーブ社とPROFINETで繋ぎ、PLCでロボットコントロールおよび安全制御をしている例です（SIEMENS社ホームページから抜粋）。

ロボットは数多くの複雑な安全機能を搭載しており、周辺安全機器からの多くの情報を入力する必要がありますが、その大容量の安全関連データをネットワークケーブル1本でロボットに提供することで、省配線化、高効率の安全制御を実行することができます。

今後ますますロボット技術が向上し人との協調作業など、より高度な安全制御が要求されるようになると、安全関連データの大容量通信が求められます。前述のように、安全ネットワークを活用すれば省配線やワイヤレス化で、より高度な安全制御が実現できます。

このような最新のドライブ安全機能を導入すれば、今まで止めるだけであった安全機能がより使いやすく、より安全なマシンとして生まれ変わる可能性があるのです。

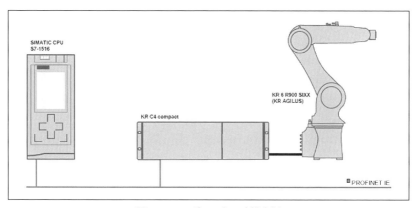

図3-3-8　ロボットとの連携事例

6．まとめ

　上記のように、安全ネットワークを適用することにより、今までできなかった高度な安全制御の実現のみならず、省配線化、保守／メンテナンス省力化など多くの恩恵があります。シーメンス社では安全ネットワークに対応した製品を多く取り揃えており多くの実績があります。読者の課題解決のヒントとなる事例も数多くありウェブサイトで確認可能です（http://www.siemens. co.jp/safety-integrated）。

3-4　モーション制御

　工場内の生産設備では、ワークの搬送や検査、貼り合わせやプレス、カットなど、さまざまな動作が行われます。この動作はモータを用いて実現しますが、近年は特に高精度に位置・速度・トルクが制御可能なサーボモータが多く使用されます。このモータを駆動させるために、流す電流を制御するのがサーボアンプと呼ばれる制御機器になります。さらに装置において複数の駆動箇所がある場合、複数のサーボアンプに異なる移動量や速度の指令を与える必要があります。これら複数のサーボアンプ（サーボモータ）の動作を指令するのがサーボシステムコントローラになります（図3-4-1）。

　サーボシステムコントローラから個々のサーボアンプに対して指令を伝達する際、以前はアナログ指令が多く使用されていました。しかし、アナログ指令では個々のサーボアンプに対しての指令即時性は高いものの、複数のサーボモータの駆動タイミングを合わせたり、サーボアンプへの動作指令以外のデータのやり取りを行うことは困難でした。したがって装置の高度化により発生した、複数のサーボアンプ間での高精度な位置同期や、速度・トルク制御との同期や制御切換えといったさまざまな要求に対応するため、サーボシステムコントローラとサーボアンプ間の接続は産業用ネットワークを用いることが主流となっています。

　以下にサーボシステムコントローラとサーボアンプ間の接続で用いられるネットワークに対する要求と、ネットワークを用いるメリットを挙げます。

116　　3章　産業用ネットワークを使うアプリケーション

1．多軸同期精度

　包装や充填、印刷などの装置では、複数のモータを関連して駆動する必要があります。たとえば包装機ではパッケージ材を送るモータとシールやパッケージ後にカットを行うモータのタイミングを合わせ個別の包装品を生産しますが（**図3-4-1**）、パッケージの正しい位置でシール、カットするにはモータの動作タイミングを合わせる必要があります。従来は主軸のモータにシャフトを用いて機械的に駆動部を連結し、カムやクラッチなどを用いてタイミングを合わせていました。しかし、カムやクラッチのメンテナンスや、高タクト化していく上で装置の精度調整などが問題となってきました。そのため、駆動部に個別にモータを取付け、サーボシステムコントローラでそれぞれのモータの駆動タイミングを合わせる、シャフトレス装置が広がってきました。

　この複数のモータの駆動のタイミングを合わせるため、モーション制御に用いられる産業用ネットワークには一定の周期で動作指令を通信し、かつその間隔のブレ（ジッタ）が少ないことが求められます。また動作指令を同期

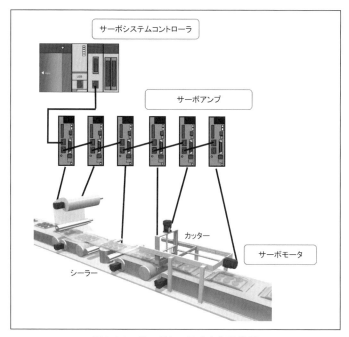

図3-4-1　サーボシステムと包装機例

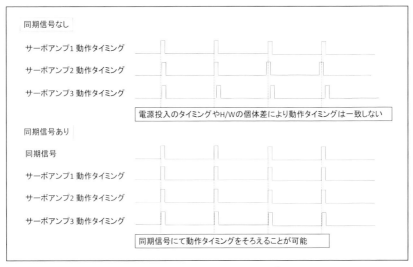

図3-4-2　同期信号によるタイミング補正

させるだけでなく、高性能なサーボシステムコントローラとサーボアンプにはネットワークで送信される時間同期信号を介して、複数のサーボアンプの内部クロックを同期させる機能もあります。この場合は装置の稼働中、常に一定の精度で同期することが可能になります（図3-4-2）。このとき通信のジッタが大きいと、クロック合わせの間隔や、各サーボアンプの同期合わせのタイミングにその分のブレが生じ、同期精度が悪くなるため、ジッタが小さいことが重要になります。要求される精度は装置にもよりますが、$1\mu s$程度のジッタで同期を実現しているネットワークがあります。また、ネットワーク接続では接続順などによる伝達の遅れを補正する値もサーボシステムコントローラから各サーボアンプに伝達可能で、同期精度向上に寄与します。

2．高速・大容量

　高頻度で位置決めを繰返す実装機などの装置では、タクトタイムの向上のために、上述のネットワークの通信周期の高速化が要求されます。たとえば、あるモータで位置決めして停止直後、他のモータを動かす協調動作を行う場合、指令位置にモータが停止した（インポジション）信号をサーボシステムコントローラがサーボアンプから受取り、その信号をトリガに他のモータの

駆動を指令します。この場合、通信の周期が短いと、その分信号を受取るタイミングが早くなります。近年では数十μsの通信周期が可能なネットワークもあり、2000年ごろの1ms程度の通信周期と比較すると、数十倍高速になっています。特に100～200ms程度のタクトタイムで高頻度に位置決めを繰返す装置では、生産性向上に大きく寄与しています。

　高速化と並んで大容量化もモーション制御で用いるネットワークに求められる要求です。前述したように、シャフトレスで装置の駆動部にそれぞれモータを設置するようになっており、サニタリー製品製造装置などでは、1ラインでワークのさまざまな加工工程が存在し、100台を超えるようなモータを同期制御したいといった要求があります。接続するモータが多くなると、その分送受信を行うデータ量が増えます。それを定周期で送受信する必要があるため、ネットワークとして高速に大容量のデータを送受信可能である必要があります。また、接続するサーボアンプが増えると、それらの故障診断やパラメータ管理を個別に実施すると手間がかかるため、サーボシステムコントローラで一括実施、管理したいといった要求も出てきます。そのような要求に対応するためにもネットワーク化が必要です。

3．多様な機器の接続

　装置を駆動する上で必須となるのは、モータ以外にもさまざまな機器があります。モータの動きに同期して他の機器や装置の動作にトリガをかけたりする場合や、逆にワークとタイミングをとるためにワーク上のマークを検出した信号をサーボシステムコントローラへ伝達する場合には、I/Oユニットが必要になります。また、他の装置と同期をとるために使用するエンコーダ（パルス）入力ユニットや、また近年ではワークのアライメントや検査等にビジョンセンサも多く使用されています。これらの機器では以前はモーション制御で使用されるものの、モーションのネットワークとは独立して動作していました。しかし、これらの機器もモータの動きと合わせて高精度で使用したいという要求があり、ネットワーク上に接続可能で定周期で同期した動作が可能になってきています。「1. 多軸同期精度」で述べたモータの同期と同じく、動作タイミングのブレが少なくなり、動作の同期性や再現性の向上が可能になります。

119

近年ではネットワークの選定を、どのくらい多様な機器が接続可能かという点で決定する場合もでてきています。多様な機器が接続可能であれば、装置に必要な制御やかけられるコストに応じて機器を選定することが可能となるメリットがあるためです。多様な機器が接続可能であるためには、機器メーカがそのネットワークの仕様を入手可能である必要があり、オープンネットワークであることが、本要求を満たす必須事項になってきています。

　また、2011年にドイツが提唱したIndustrie4.0以降、上記以外にも多様な要望が出てきており、サーボを駆動させるためのモーションのネットワークとそれ以外のフィールドネットワークの垣根もなくなっています。モータの駆動情報等を上位のシステムで収集して装置の（駆動部の）予防保全につなげたりといった取り組みやIoT等、多様な機器がシームレスでつながり、大量のデータの転送が可能で、かつ高速・定周期なデータも送受信可能であることが今後もモーションネットワークに求められると思われます。三菱電機ではこれら要求に対応する技術を取り入れたさまざまな製品をとりそろえています。最新技術の動向や、それらを活用したアプリケーション事例もウェブサイトで確認可能です（http://www.mitsubishielectric.co.jp/fa/）。

3-5　エネルギー管理

1．はじめに

　昨今の生産現場では生産能力のみならず、生産効率も重要なKPI（Key Performance Indicator）として注目されています。

　生産効率の重要な要素の1つであるエネルギー効率についても、原価低減の目的だけでなく環境保護の観点からも多くの企業が注目し始めています。

　また、IoTの一環として消費電力データを収集し、エネルギー管理に役立てたいと言う市場からの要求も年々高まっています。

　本章ではこれらの市場要求に対して、産業用ネットワークでどのようなアプローチができるかについて紹介いたします。

2．産業用ネットワークの視点で見たエネルギー管理

　従来から不要なエネルギー消費を低減する活動はあり、休憩時間に従業員が不要な電源を落としたり、リレー等を使用したりして電源を制御するといった方法がとられてきました。

　従業員が電源を1つ1つ落としていく場合、どれが不要な電源か把握する必要がありますし、電源系統が多くなれば従業員の負担もそれだけ多くなります。

　リレー等を使用した電源制御であればこれらの問題は解消されますが、反面電源管理用の機器が増え、機器の配線作業も同時に増えてしまいます。

　消費電力情報の収集についても、従来から制御盤に電力メータが設置されていましたが、今後は電力メータの情報を収集、分析できる環境が要求されるようになり、そのためには消費電力情報をデータとしてネットワークに上げる必要が出てきます。

　これらの市場要求に対して、ドイツの主要自動車メーカにより組織される AIDA（Audi、BMW、Mercedes-Benz、Porsche、VolksWagen）が標準化の提案をし、2009年にPI（PROFIBUS PROFINET International）内に Working Group が発足されました。その後 Working Group により、産業用 Ethernet・PROFINET を媒介としたエネルギー管理用プロファイル・PROFIenergy 仕様が作成されました。

3．PROFIenergy

　PROFIenergy は PROFINET のエネルギー管理用プロファイルで、従来、人間が行っていた電源断などの作業をネットワークを介したコマンドにより行います。

　PROFINET で公開されているプロファイルなので、PROFIenergy 対応機器であれば機器ベンダに依存することなく容易に接続でき、標準化されたインタフェースで制御することができます。

　PROFIenergy は非周期通信として実装されるので、プロセスイメージと呼ばれる周期通信用のデータアドレスを占有しません。

　PROFIenergy には次の2つの機能が実装されます。

（1）消費電力量の収集

　上位コントローラ（PLC等）からの要求により、PROFINETの個々の機器から消費電力量を収集できます。PROFINET機器の単位で個別に情報を収集できるため、制御盤に電力メータを取り付けるよりもより詳細な消費電力情報を取得できます。

　モータスタータやインバータといった一部の機器では、消費電力のほか、無効電力や電流値、力率といった情報も取得できるものもあります。

　いつ、どこで、どれだけの電力が消費されているかという詳細な情報は、効率的なエネルギー管理を行う上で非常に重要な情報です。詳細な電力消費の情報を得ることで、ピーク電力の低減・分散といった計画の材料としたり、休憩時間等の非生産時に不要な電力消費がないかを容易に確認できるようになります。

（2）電源のリモート管理

　上位コントローラ（PLC等）からのコマンドにより、PROFIenergy対応機器の電源を個々に制御できます。

　上位コントローラからのコマンドは「Start PAUSE」と「End PAUSE」の2種類が用意されています。「Start PAUSE」コマンドを受け取った機器は、消費電力を最小限に抑えた状態（休止状態）となり、「End PAUSE」コマンドを受け取るまでこの状態を維持します。機器内の電源をどこまで切るかはPROFIenergyでは定義されておらず、機器ベンダごとに最適な仕様に調整が可能です。

　従来からリレー等により機器の電源を制御する方法もありますが（図3-5-1）、PROFIenergyを使う場合は電源ON/OFFの機構がPROFIenergy対応機器に内蔵されるため、追加のリレーや制御用の機器、それに伴う配線作業が不要になります（図3-5-2）。

4．PROFIenergy導入によるメリット

（1）装置立ち上げ時

　機器ごとの電源管理をPROFINETケーブル1本で実装できるため、追加のハードウェアや配線が不要になります。

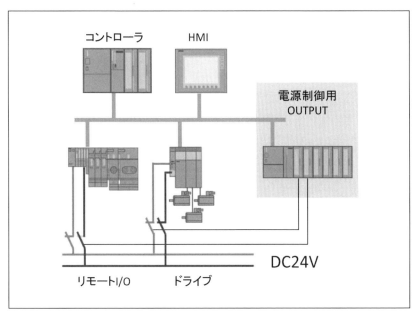

図 3-5-1

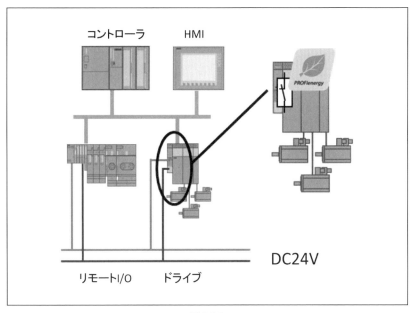

図 3-5-2

特に日本のような労働単価が比較的高い国では、配線工数や設計図面の低減によりコスト面でも大きなメリットが期待できます。

(2) 装置稼働時

休憩時間や緊急メンテナンスによるダウンタイムが発生した場合にも、装置の電源を選択的に制御できるため、待機電力を最小化できます。

実在する自動車工場の設備で消費電力を計測したところ、休憩や週末等の非生産時にも生産時の約60％の電力量が消費されていたというデータがあります。同じ設備にPROFIenergyを適用したところ、非生産時の消費電力が生産時の20％まで下がりました（図3-5-3）。

また、始業時間や休憩時間のように定期的に同じ時刻で生産開始や停止される場合は、上位コントローラから毎日同時刻に設備を休止したり、始業時刻に合わせて自動的に設備の稼働準備を行ったりすることも可能になります。

前後の工程により、装置単位で待ち状態が発生した場合でも、待ち時間に短時間でも休止状態として待機電力を最小化することも可能です。

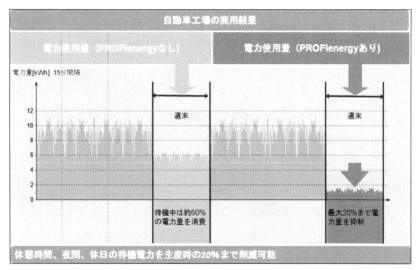

図3-5-3

（3）装置寿命

　リレー等による電源制御の場合は、回路のON/OFFによるリレー等の寿命を考慮したメンテナンスが必要になります。PROFIenergyによる電源制御の場合は電源ON/OFFの機構が機器に内蔵される為、リレー等の製品寿命を気にする必要がありません。

（4）ピーク電力の管理

　詳細な消費電力を収集することにより、ピーク電力のタイミングや要素の分析が容易に行えるようになります。その結果、設備の稼働タイミングを調整してピーク電力低減の計画を立案したり、生産効率の低い設備を高効率の物に更新したりするといった対策が可能になります。

3-6　アセット管理、パラメータ設定

　アセット管理は、インテリジェントな現場機器のパラメータ値の変更履歴、機器の診断故障履歴、点検時の作業履歴を記録し、プラントの保全活動に役立てることを目的としています。アナログ計器の時代には制御システムの接続配線図や機器リスト、保守作業記録簿など紙を使ってアセット管理を行っていましたが、インテリジェント機器の導入によりパラメータを含め多くの情報がデジタルデータとしてコンピュータ上で管理されるようになってきました。また、パラメータ設定とは産業用ネットワークを用いて、現場機器内部のパラメータにアクセスして機器の設定値を操作することです。

　これらのアプリケーションをオープンなネットワークを使用して、しかもマルチベンダ機器に対応させる活動は、主にプロセスオートメーションの分野で行われてきました。

1．アセット管理

　1990年ごろからフィールド機器にCPUが内蔵され、インテリジェント化が進みました。これまでのアナログ回路素子によるレンジとスパンの設定や調整値は機器のパラメータとして不揮発メモリに保存され、プロセス値の工

125

業単位への変換や補正等の演算は内蔵のCPUが実行します。フィールド機器のインテリジェンスの向上とその機能の進化により多くのパラメータを設定する必要がでてきました。

そのためフィールド機器にデジタル通信機能をもたせ、外部の設定端末(ハンドヘルドターミナル)を接続し、対話的にこれらのパラメータを編集できるようにしました。またパラメータにはタグやベンダ名、機器タイプ、製造者シリアル番号などアセット管理に役立つ情報も含まれます。

当初はこのデジタル通信は機器設定調整のみを目的としていたためベンダ固有のプロトコルが用いられていました。その後マルチベンダ化が進み、フィールドバス通信が標準化されてくると、これが制御バスとしてプロセス値や操作値の伝送に用いられます。これに加えて機器内部のパラメータのアクセスも可能となり、フィールドバス通信を使ったアセット管理が可能となりました。従来は設定端末をもって現場に向かい機器に直結して行っていた作業はプラント内の操作室の画面からも行えるようになり、容易に機器パラメータを管理できるようになりました。

プラントの規模が大きくなるとフィールドバスも複数のセグメントに配分され、これらを中継する機器が接続され、さらに上位のシステムとはEthernet系の通信とゲートウェイを介して接続されるようになると、これらのトポロジのエンジニアリングや保守もアセット管理の対象となります。

2. パラメータ設定における応用技術

マルチベンダの環境では、単一の設定端末ですべての機器に対してベンダを問わずパラメータ設定ができることが求められます。パラメータには通信プロトコルで規定された標準データや各ベンダや機器タイプ固有のものが含まれますが、これらすべてにアクセスすることが必要です。

各機器が何のパラメータをもちどのように設定するかは、その機器のアプリケーションの情報が必要となります。EDDL（Electronic Device Description Language）と呼ばれる機器記述言語はこのアプリケーション情報を記述するための技術です。

1990年代よりEDDLはHART通信機器で広く使用され、現在FOUNDATION FieldbusやPROFIBUSでも同様のものが使用されています。EDDLでは機器

126   3章　産業用ネットワークを使うアプリケーション

のパラメータのプロパティ情報に加え、操作メニュー構造などの簡単なユーザインタフェースや対話式の設定調整手続きを記述することができます。EDDLを使ってテキストで記述された機器記述データはトーカナイザツールを使ってバイナリデータに変換されEDDと呼ばれるファイルに出力されます。このファイルは設定端末に保存され、その上で逐次解釈され実行されます。

　フィールド機器の高機能化に伴い、その設定や機器診断機能も高度化されEDDLの記述言語だけではその設定や調整ができないケースがでてきました。そのため、機器ベンダはPC上で動作する専用ソフトウェアを提供し始めます。その後このようなソフトウェアを必要とする機器が増えてくると、これらのソフトウェアの管理が煩雑となります。機器データの保存先、フィールドバス通信の設定など各ソフトウェアが個別に管理する必要がありました。この問題を解決するためFDT（Field Device Tool）という機器のアプリケーションソフトウェア（DTM：Device Type Manager）とそれを統合するホストアプリケーション（FRAME）の間のソフトウェアインタフェースの標準規格が発行され、機器ベンダからはDTMが機器のアプリケーションソフトウェアとして提供されるようになります。これまでのEDDLによるユーザインタフェースを越える直感的で洗練された画面で作業ができることから欧米を中心に広く普及しています。

　一方EDDLもその後改定を行い、PC上での実行アプリケーションを意識してチャートなどのグラフィックのコンテンツの追加や16ビット言語対応を図ってきました。しかしFDTとEDDLはまったく互換性がなく、相互に利用できないという問題がありました。EDDLは基本的な設定やコミッショニングにおいて広く利用されており、またFDTは高度な機能の設定や診断に有効であり、どちらも有用な技術であり、相互に補完しあうものであることがオランダのユーザグループであるWIBから評価報告が出されます。

　この報告をもとに、EDDLに加えて高度な機能や表現手段をもったプラグインを追加できるFDI（Field Device Integration）の仕様が2014年にリリースされました。このプラグインにはFDTの技術の一部が使用されています。機器ベンダはFDI Device Packageを提供し、これをFDIホストシステムがインポートしてその機能を実行します。FDI Device PackageにはEDDLで記述された機器定義データとそのビジネスロジック、ユーザインタフェース定義

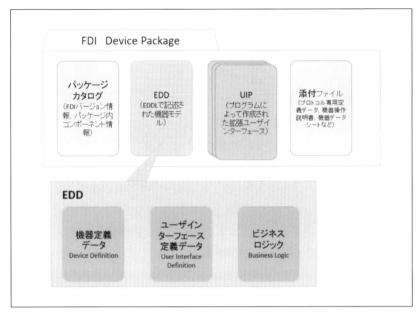

図3-6-1　FDI Device Package

データがEDDバイナリデータとして格納され、さらにオプションとしてUIP（User Interface Plug-in）と呼ばれるプログラムで実装されたプラグイン機能を含めることができます（図3-6-1）。DTMで提供されていた高度な設定や診断機能、洗練されたユーザインタフェースはこのUIPで提供することができます。

FDIホストはサーバ／クライアントの構成をもち（図3-6-2）、サーバは機器定義データから生成された機器情報モデルを持ちます。このモデルはOPC UAのDI（Device Integration）仕様に準じて生成されます。一方FDIクライアントはEDDのユーザインタフェース定義およびUIPのユーザインタフェースの実行環境を提供し、ユーザはこの環境で操作を行います。

FDIの仕様開発と並行してEDDLの改定も進められました。これまでHART, FOUNDATION Fieldbus, PROFIBUSの3つのプロトコルで別々に使用されていたEDDLの仕様の調和を図り、EDDバイナリのフォーマットを統一し、Device Packageの開発環境も統合化し共通で利用できるようにしました。同時にISA100や新たなプロトコルに対応するための汎用プロトコル

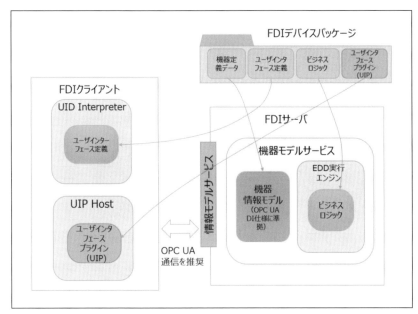

図3-6-2　FDIホストシステムのアーキテクチャ

も追加しています。

　FDIホストは主としてDCSなどのシステムでの使用を想定しており、ホストからフィールド機器までの通信トポロジはそのシステムが独自に管理します。一方、FDTではフィールド機器と通信機器に対して、それぞれ個別のDTMが用意され、複雑な通信トポロジもこのDTMを使って物理トポロジに準じて論理トポロジを構築することで通信の設定を簡単に行うことができます（図3-6-3）。さらにFDTでは通信プロトコルごとに通信プロファイルの付加仕様を追加することでさまざまなプロトコルに対応でき、現在プロセスオートメーションに加えファクトリオートメーションのプロトコルも含めた16種類がサポートされています。またFDIホストではFDTのDTMを実行する環境は用意されておらずDTMの資産をそのまま利用することはできません。

　これに対してFDTでは機器DTMにプログラムによって機器のアプリケーションを自由に実装することができますので、EDDやFDI Device Packageは機器アプリケーションのコンテンツとしてDTMの内部でインポートして

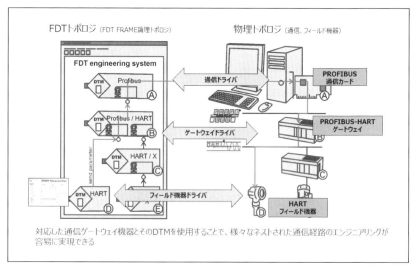

図3-6-3　FDTにおける通信トポロジのエンジニアリング

その機能を実行することができます。これによりFDTホスト上でEDDやFDI Device Packageの利用が可能となります。さらに、今後現れる新しいプレゼンテーション技術も同じやり方でDTMに実装して実行ができます。FDT FRAMEのアプリケーション環境ではこれらのDTMをすべてFDT FRAMEのアプリケーション環境上で同時に利用することが可能です（図3-6-4）。

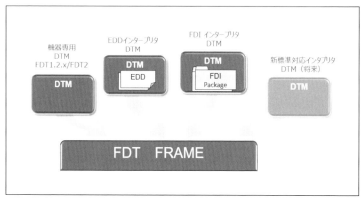

図3-6-4　過去の資源を有効に利用し投資保護を実現しつつ持続可能なFDT技術

3．プラントにおけるアセット管理ソフトウェアツール

以上、EDDL、FDT、FDIという3つの技術を説明しました。これらの技術はいずれもフィールド機器のアプリケーションをホストシステムに統合する目的で標準化されています。またこれらの技術はプラントのライフサイクル全体にわたってフィールド機器を対象としたさまざまなソフトウェアツールで利用されることが求められます（図3-6-5）。このときそのツールが採用している技術の間で相互運用性がなかったり、ツールごとに実装に使用されている技術をユーザに意識させてはいけません。

一方、フィールド機器アプリケーションを開発する機器ベンダは、自社の機器の機能に応じて最適な技術を選べることは意義があります。EDDLはテキストで機器を記述するので基本的な機能のみをもつ機器には容易に実装できるものです。FDTのDTMやFDIのUIPの開発ではWindowsのプログラム開発のスキルを求められますが、高度で洗練された機能やユーザインタフェースを提供できるメリットがあります。

ホストシステムはそのツールの目的に応じてどの技術でもユーザが意識せずに利用できるよう、その製品企画と設計にあたっては十分な検討を図る必

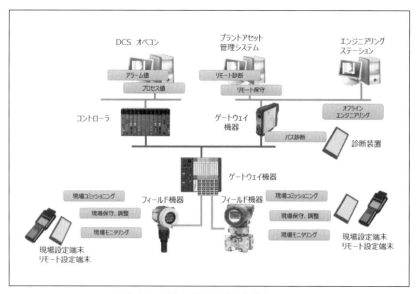

図3-6-5　プラントにおける作業とツール

131

要があります。

FDIのUIPの技術仕様を議論したとき、当時のFDI仕様の開発母体の団体であるFDI Cooperation, LLCとFDT仕様の開発保守団体であるFDT Group間で協議を行い、UIPがFDTのホスト環境でも実行できるよう実行環境、関連ライブラリのマネジメントも含めて合意形成を行いました。このようなことからFDI Device PackageをFDIインタプリタDTMがインポートしてFDTホスト上での実行が実現しています。FDI Cooperation, LLCはFDI仕様開発のためのプロジェクト組織だったため、FDI仕様発行後は解散し、現在FieldComm Groupという団体が中心となってFDI仕様の開発、保守を行っています。

今後も関連団体の協力のもと、フィールド機器のサービスプラットフォームとしてこれまでの技術はもちろんのこと、相互に利用できるよう規格の拡張が期待されます。

4．FA分野におけるアセット管理とパラメータ設定

プロセスオートメーション（PA）で用いられているフィールド機器等は機能の高度化に伴い、上述のようにアセット管理やパラメータ設定が用いられてきています。一方、FA（ファクトリーオートメーション）においても、センサやアクチュエータが多機能、高機能化しており、パラメータを適切に設定することで機器の能力をふんだんに発揮させることや、機器の型番やメーカ名、ファームウェアのバージョンを把握すること、機器の内部状態を把握して予防保全に繋げるようなアセット管理も可能になってきています。

FA分野においても、PAと同様にDTMを用いた手法を用いることが可能です。また、IO-LinkなどのFA系のフィールドバスで用いられている機器記述言語（DD）をDTMに変換する手法も用いられています。IO-Linkを例に取ると、IO-Linkデバイスの機器記述言語であるIODDをDTMに変換することで、FDT FRAME上でDTMと同じように操作を行うことが可能です。

FDTはFAの分野でもその多くの通信プロトコルのプロファイルをサポートしており、近年FAの分野でのアセット管理やパラメータ設定に多く使用されるようになってきました。

3-7	ロボットにおける 産業オープンネットの使われ方

1．はじめに

　従来、産業用ロボットを用いた自動化設備は単一製品向けの溶接や製品の単純搬送（マテハン）が主流で有りましたが、近年ではモータの能力向上、制御周期の高速化や各種センサ類の性能向上等も有り各種センサ類とロボットを組み合わせた多変種変量型の精密搬送、組立、バラ積みピッキング、バリ取りなど、従来人手作業に頼ってきた工程の自動化に使われてきておりその用途、採用数は拡大し続けております。

　近年ではこれらの装置に予防保全、変種変量対応、追跡可能性（トレーサビリティ）等も求められてきており、取り扱う情報は飛躍的に増加しています。こうした情報を設備内、設備間、生産管理端末間でやり取りする際に用いられる産業オープンネットの紹介を行います。

2．従来の産業用ロボットを用いた設備構成例

　図3-7-1に従来の産業用ロボットを用いた設備の構成例を示します。

　従来の産業用ロボットはロボットを動作させるためのプログラムをあらかじめ設定しておき、設備全体の制御を行うプログラマブルロジックコントローラ（以下、PLC）から動作命令がロボットのコントローラへ入力されると設定された動作を行います。

　ロボットが動作する際、作業者の安全確保のため設備のドア等が空いていないかを確認するための安全センサ用の信号、装置内の周辺装置との干渉を防いだりするためのインターロック用の信号（例：ロボット進入許可・不可、ロボット動作中等）、製品が所定位置にきているかを監視しているセンサの状態、装置内で使用している空圧機器の電磁弁制御の信号などをロボット内部、もしくはPLCで監視しながら都度通信を行い、決められた動作を行っています。

　こうしたロボットを動作させるための情報類はON・OFFの単純な情報で良いため、これまではロボットのコントローラもしくはPLCへ各種センサ類や電磁弁の信号線を接続し、ロボットコントローラやPLC、PLCと操作盤

133

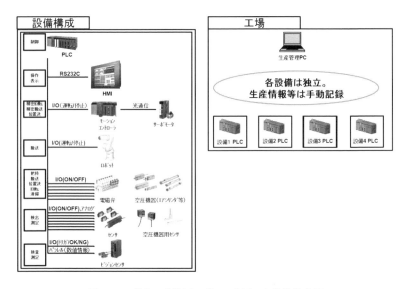

図3-7-1　従来の産業用ロボットを用いた設備構成例

であるヒューマンマシンインタフェース（HMI）はRS232C等に代表される旧規格の通信規格で通信していました。

　旧規格の通信規格では取り扱える情報量の制限や通信速度等の問題解決が望まれる一方で、装置内部で取扱う情報を外部と通信するには専門知識や莫大な費用が掛かるため、生産数や異常情報などは都度作業者がHMIに表示される情報を記録し、生産管理端末に手動入力してきました。その結果、記録ミスや不良品の大量生産等の問題が度々発生し、生産管理の自動化・強化も併せて求めてられてきました。

3．IoTの普及と求められる情報量の増加

　2000年代になり、Internet of Things（以下、IoT）、生産や流通工程をデジタル化することで工場全体の自動化（スマートファクトリー）を目指すドイツのインダストリー4.0や日本のコネクテッドインダストリー、中国の中国製造2025等が発表され、次世代製造ライン自動化の指標化がされる一方で、製造現場では品質改善のための手法、装置の信頼性を示す指標であるMTTF（平均故障間隔）やFIT（平均故障回数）等の考えが浸透してきてユーザは品質

管理や設備保全の面から従来取得できなかったさまざまな情報を設備からより高速に、簡単に取得・管理・表示を行いたいと考えるようになりました。

ロボットやセンサ類も、用途拡大や情報取得範囲の拡大に合わせて、従来の単純なON/OFF情報と併せて大量の数値や文字情報をリアルタイムで取り扱う必要に迫られてきました。特にロボットを使った設備では、ロボットにビジョンセンサやバーコードリーダ等の大量の情報を扱うセンサ類を直接接続して、情報の通信・処理を即座に行い従来できなかった自動化の確立ができるようになってきたため、装置を構成する各要素間、PLCと各要素間との情報を大量に・高速に通信できる新しい次世代の通信規格、構成が求められるようになりました。装置内で使用される各種機器類はさまざまなメーカのものが混載しており、どのメーカのものでも接続、通信できるために通信規格（プロトコル）が公開されているオープン型の産業用ネットワークが開発され、各種機器メーカはこれらの通信規格に準拠した製品の開発をするようになりました。

こうして開発された産業用ネットワークの代表例として、CC-Link IEやPROFIBUS、DeviceNet等があります。

4．産業用ネットワークを用いた設備構成例

図3-7-2に産業用ネットワークを用いた設備の構成例を示します。

ビジョンセンサ、バーコードリーダ、変位センサ等複数の文字・数値情報を出力するセンサ類はセンサ情報を必要とするPLCやロボットコントローラ等と産業用ネットワークで接続されるようになり、電磁弁や光電センサといった設備内で複数使う要素で従来は要素ごとに配線が必要でしたが産業用ネットワーク対応品を使用することにより従来よりも高速・省配線での構築が可能となりました。ロボットコントローラもこれらの産業用ネットワークに対応し、ロボット自体の情報に加えロボットに直接各種センサ類の情報を簡単に、大量に取扱えるようになり人手作業工程の自動化ができるようになりました。

図中ではPLCをマスタユニット局として、マスタ局に接続された各種機器類をスレーブとしてマスタ局は各スレーブに各種命令を発行、スレーブはマスタへ命令に応じた各種情報を出力します。

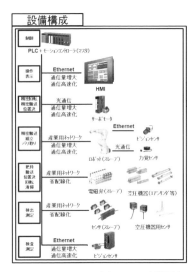
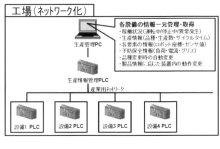

図3-7-2　産業用ネットワークを用いた設備構成例

　また、生産管理強化として生産管理用の端末をマスタ局として各種装置のPLCをスレーブとして各装置を接続することで、次工程への生産情報の引継や各種装置の情報をオンライン上で取得、生産管理が簡単に行えるようになり、製品1個単位で生産情報を追跡可能にできるトレーサビリティの構築や生産情報の「見える化」、不良・異常発生時の迅速な対応を実現可能としました。

　ロボットからの情報は、従来のインターロック用信号に加えて座標や速度や変数状況などの基本情報、負荷率、電流値等の保全情報、ロボットに繋がれた機器類の情報などを一括、高速に入出力できるようになり、専用のティーチングペンダントやパソコンがなくともHMI上でロボットの操作、教示座標の変更、各種情報の閲覧が可能になりました。

5．今後の動向

　ロボットを用いた自動化設備は用途のさらなる拡大として、AI機能を実装して製品情報に応じたパラメータや動作を都度自動で変更させる変種変量型への対応、予防保全強化やエッジコンピューティングを用いて製造場所に近い場所での情報の自動処理・解析を行うなどのIoTをさらに強めたスマート

ファクトリー社会の実現を市場から強く求められており、取り扱う情報量は
さらに増加する傾向にあります。

3-8　NC

　NC工作機械は、数多くの電気部品や機器を内蔵しています。リミットス
イッチ、近接スイッチをはじめとする各種スイッチのデジタル入力や、リ
レー、ソレノイド、4色灯などのデジタル出力などのプリミティブなデジタ
ル入出力から、圧力、温度などのアナログセンサ入力、アナログ主軸の駆動
ドライバやポンプ、コンベアなどを駆動するインバータへのアナログ出力、
また機内でのインライン計測や、ツーリングのID管理などに使用する高機能
なセンサなどのコントローラとの接続など、さまざまな電気部品や機器を
NC装置と接続し高度な工作機械の機能を実現しています。

　これらの電気部品や機器とNCとの接続にあたっては、NC専用のI/O接続
機能の活用を基本としますが、近年のNCは各種のフィールドバス、フィー
ルドネットワークのインタフェースを有しており、これら産業用ネットワー
クも広く用いられています。

　NC工作機械単体で産業用ネットワークを使用する場合、以下のメリット
が挙げられます。

- NC専用のI/O接続とした場合、機械メーカは専用I/Oユニットから各機
  器に接続するためのI/F基板を準備する必要があります。産業用ネット
  ワークを使用した場合は、各機器メーカがラインナップする種々の既存
  のI/Oモジュールを活用できるため機械メーカで作成するI/F基板を少
  なくできます。
- 機械メーカによっては、同一の機械に異なるメーカのNCを搭載する場
  合があります。このような場合に、汎用の産業用ネットワークを採用す
  ることにより、NCのインタフェース仕様の差の影響を受けず、強電盤
  を共通化することができます。
- アナログセンサ入力や、アナログ駆動部への指令などに対して、アナロ

グ入出力ユニットをセンサや駆動部の近くに設置してアナログ-デジタル変換することにより、NCとの接続をデジタルにすることで、ノイズ環境の厳しい工作機械内のケーブル配線に対し耐ノイズ性の強化を図ることができます。また、ケーブルのコストダウンも可能となります。
- NC工作機械にはインライン計測センサやIDセンサ、ビジョンセンサなど高機能なセンサ装置が使用される場合がありますが、それらセンサのコントローラのインタフェースには汎用の産業用ネットワークが採用されていることが多くあります。それらのセンサ装置を接続する場合には各装置のインタフェースに応じた産業用ネットワークの使用が必須となります。

図3-8-1に産業用ネットワークに接続したNCの内部処理を示します。NCは内部にPLC（Program Logic Controller）機能を内蔵しており、このPLCによってさまざまな機械制御を実現しています。PLCは一定の周期で実行する仕組みとなっており、その周期でNCの各種デバイスにアクセスします。産業用ネットワークのインタフェースに割り付けした機器のI/Oデータはネットワークのサイクリック周期でNCのネットワークインタフェースとデータ

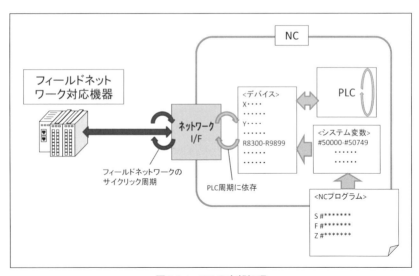

図3-8-1　NCの内部処理

を送受信し、ネットワークインタフェース上のデータはPLC処理周期に依存した周期でNC上の対応するデバイスにリード／ライトされます。したがって、高速応答が要求されるNCの処理では、ネットワークのデータ更新周期がNCのPLC処理周期と同等以上であることが必要ですが、今日の産業オープンネットワークはそれに対応できる十分な高速データ交信性能を有しています。また、NCではPLC制御の他に、NCプログラムから直接これらのデバイスデータを読み取って、運転を実行する場合もあります。

また、機械内外に接続するI/O機器との通信は、サイクリック通信だけでなく、非周期のトランジェント通信（メッセージ通信）を使用する場合があります。高機能なセンサやロボットなどのコントローラに対する各種の設定や、診断情報の読み取りなど連続的なデータの読み書きにトランジェント通信を活用します。

複数のNC工作機械やシーケンサ、ロボットなど産業用ネットワークで接続することにより、自動化ライン・セルを容易に構築することが可能となります。**図3-8-2**は複数台のNC工作機械をCC-Linkで接続して加工ラインを構築する例です。ラインを統括するシーケンサをマスタとして、複数台の機械をCC-Linkで接続しています。また、各機械の内部では、NCをCC-Link

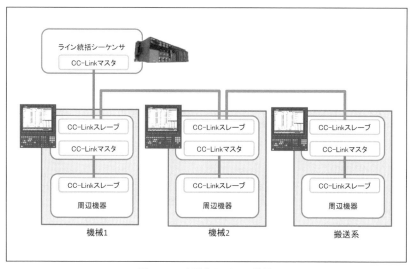

図3-8-2　自動化ラインの構築

マスタ局として、周辺機器がスレーブ局として接続されています。このようなシステムを構築する場合、NCに必要な要件としては、産業用ネットワークのマスタ機能、スレーブ機能の両方を有している必要があります。

このように、NC工作機械における産業用ネットワークは、NC装置と工作機械内外の機器やNC装置間を接続したラインやセルの構築に使用され、デバイスデータの通信を通じて所望の制御を実行することにより加工現場における自動化や生産性の向上に寄与しています。

一方で、このような制御系のネットワークに対して、NCでは、情報系のネットワーク接続の要求も以前からあり、上位のパソコンからNCに対して加工プログラムの転送や、パラメータや工具データのバックアップ、運転状態やアラーム情報の取得等をネットワーク経由で実行し機械の運転状態の管理を可能にしてきました。NCから上位のパソコンへの接続は通常Ethernetを使用し、NCメーカが提供するNCとの通信用S/Wをパソコンに組み込んで、ユーザやソフトウェアベンダがアプリケーションを開発しています。

近年ではIoT技術の活用により、工場内のすべての機械や設備の情報を収集し、製造実績や稼働状況を可視化し、分析・改善による生産性の向上や生産の最適化を図る動きが活発になってきています。NC工作機械の業界においても、各社や協会がそれら機能を実現する独自あるいはオープンなプラットフォームを発表してきており、稼働状況の見える化を主体としながら、今後より高度な分析やAIを活用した診断などに発展していくことが期待されます。

3-9 映 像

1．はじめに

生産設備を用いた製造現場の共通の課題といえば、業種を問わず生産装置の稼働率向上があげられるでしょう。しかしながら生産設備にトラブルはつきものであり、それらの原因究明や改善に頭を悩ませている企業は多いのではないでしょうか。近年、ビックデータ解析やIoTなど先進的な取り組みが急速に発展していますが、それらの多くは数値データをベースに行われるた

め、一見しただけでは実際に現場で何が起きていたのかを知ることは難しいといえます。そのため、従来から設備トラブルの原因分析には映像監視が多く用いられます。映像監視手段としては小売店向けのアナログ式防犯カメラや家庭用ビデオカメラ、昨今ではデジタル式のネットワークカメラ等を活用するなど、現場担当者によりさまざまな手段が講じられています。

　本稿では製造現場の映像監視手段についてカメラメーカーとしての技術および社内工場の生産装置の改善の取り組みを元に、ネットワークカメラにおける従来のアナログ式とデジタル式のそれぞれの利点やネットワークカメラを装置監視に用いる利点について紹介します。

2．従来のアナログカメラによる映像監視

　昨今、防犯への意識の高まりとネットワーク技術の進化により、いたるところでデジタル式のネットワークカメラを見かけるようになってきましたが、国内の監視カメラ市場においてデジタル式がアナログ式を上回ったのは2013年以降であり、それ以前は製造現場ではアナログ式のカメラがシェアの大部分を占めていました。アナログ式カメラは映像出力方式がアナログ形式で、同軸ケーブルを使って録画装置であるDVR（デジタルビデオレコーダー）にデジタル形式変換して保存します。アナログ式のメリットとして、価格が安い、ケーブル長が100mを超えることができる、専用線なので遅延なく安定した通信が可能などが挙げられます。これに対してデメリットとして、アナログからデジタル化する際の映像の劣化やカメラごとに電源が必要なこと、DVRにより接続できるカメラ台数が決まっている、カメラごとにセットされた録画装置でしか映像を確認できないなどがあります。したがって、製造現場で用いる際には監視個所ごとにカメラ、録画機、モニターをセットで設置する必要があり、監視個所が少ない場合はそれほど問題にはなりませんが、監視個所が増えるほど機器コスト、配線作業負荷が増大します。また一般的にアナログ式カメラはPTZ（パンチルトズーム）を外部制御することが難しいため、見たい箇所にカメラの位置やフォーカスを合わせることに苦労することが多いといえます。一般的なアナログ式カメラの解像度は低画素タイプが主であり、録画時の画像劣化も相まって録画映像から詳細な現象や細かな傷などの品質確認等を行うことが困難でした。

3．デジタルカメラ（ネットワークカメラ）による映像監視

　近年になりフードディフェンスや製造検査工程の不正問題などにより、製造現場においてデジタル式のネットワークカメラ（IPカメラ）が設置されるケースが増えています。デジタル式カメラは映像出力がデジタル形式で、LANケーブルを使って録画装置であるNVR（ネットワークビデオレコーダー）に保存します。デジタル式のメリットとして、映像の劣化がない、機器の増設が容易、リモートコントロールが容易、またインターネットを介して遠隔地からの監視が可能などが挙げられます。PoE（Power over Ethernet）対応のカメラやHUBを使用すれば、LANケーブル1本でカメラへの電源供給とデータ通信が可能になり、複数のカメラの集約やHUBを介しての増設、既存のインフラの活用などができ、柔軟かつ効率的な設置が可能となります。製造現場のフィールドネットワークが汎用のEthernetケーブルを使用できるものが増えてきており、特にPROFINETやEtherNet/IPの場合は一般のEthernet通信と混在させることができるためネットワークカメラ専用のインフラを別途設ける必要がなく、より簡単に生産設備へネットワークカメラが導入しやすくなってきています。またAF（オートフォーカス）、PTZ対応機器の場合、遠隔で見たい箇所の位置やフォーカス合わせを行えるため、生産設備が稼働中でも見たい箇所を変更したり、光学ズーム機能により大型ロボット等のカメラの近接設置が難しい環境においても鮮明な映像を得ることができます。

　対してデメリットとして、価格が高めで、同軸ケーブルよりもケーブル長が短い（スイッチとカメラ間の最大ケーブル長は100m）ことやネットワークに関する知識や既存インフラへの影響、またインターネットを介する場合はセキュリティー問題などについても対策をする必要があるなどがあります（図3-9-1）。

4．製造現場へのネットワークカメラ導入時の注意点

　前述のように、製造現場の監視においてネットワークカメラはさまざまな利点がありますが、導入に際してはネットワークトラフィック量について確認しておく必要があります。ネットワークトラフィック量とは、ネットワーク上を流れるデータ量のことですが、事前にこのデータ量の試算をしておか

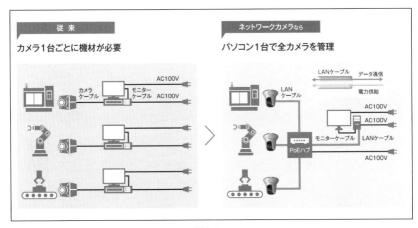

図3-9-1

ないと、想定通りの運用ができなくなる場合があります。データ量については、大きくはネットワーク帯域とカメラのビットレートの2つについて試算するべきです。自動車に例えると、道路の広さがネットワーク帯域であり、自動車の交通量がカメラのビットレートとなります。道路が広いほど多くの自動車が通れますが、あまりに多くの自動車が集中すると渋滞を起こすように、ネットワークでも渋滞が発生すると、データが消失したり、データ再送による遅延が発生します。帯域を決めるのはHUBやPCやケーブルの能力となります。ビットレートとは、1秒あたりに使用されるネットワークの帯域量のことを指しますが、ここではネットワークカメラが録画装置に対して送り出すデータ量のこととします。一般的な防犯目的の録画と違い、生産設備の挙動を動画から確認するためには1秒あたり20〜30枚の画像データの録画が必要になるため、一般的な装置制御データとは比較にならないデータが送り出されるため、録画したい対象に応じた最適な解像度とフレームレートの見極めが大切です。ほかにもH.264といったビデオ圧縮技術やビットレート制御を使い、データ量の削減を行うことが重要です。

5．ネットワークカメラ制御プロトコルについて

　生産装置内に設置するネットワークカメラをさらに活用するためには、ネットワークカメラをコントロールするためのプロトコルについて知らなけ

ればなりません。ネットワークカメラ業界におけるベンダーを超えた共通規格としてONVIF（Open Network Video Interface Forum）があります。ONVIFは2008年にAXIS、BOSCH、SONYによって設立されたNPO団体で、ネットワークカメラ製品の接続互換性を向上させるための様々な仕様を策定しています。仕様はプロファイルと呼ばれる形で機器ジャンルや内容に応じてプロファイルS、プロファイルCといったようにカテゴリが分かれています。

　ほかにも、各ネットワークカメラメーカーごとに専用のプロトコルを用意しているケースが多くあります。それらを使うことでカメラ制御や録画データへのアクセスが可能となり、たとえば自社の生産設備の管理システムとうまく連携させることで、トラブル発生時にカメラを移動させて録画を行うことや、決められた時間に装置のパネル情報やアナログメーターの値などを録画し点検や保全に活かす等の応用性が考えられます。

６．おわりに

　"百聞は一見にしかず"の言葉のように、映像データは非常に多くの情報をもつため、IoTセンサー等の数字データと併用した活用により様々な効果が期待できます。またAI画像処理技術の進化に伴い、人の目に代わり装置や製品の細かな変化に気づいたり、官能検査の代替などへの応用等が考えられ、今後ますますネットワークにのせた映像データの重要性は増していくと予想されます。

3-10　ゲートウェイ

１．産業用ネットワークにおけるゲートウェイとは

　産業用ネットワークプロトコルは1980年代の初めに導入が開始されて以降、さまざまな分野でさまざまな目的のために各国の企業、団体によって次々に開発され、現在もその種類を増加させています。産業用ネットワークプロトコルを統一しようとする試みはこれまで多く行われてきましたが、本稿執筆中の2018年下半期現在においても、実態として非常に多くの種類のネットワークプロトコルが世界中で使用されています。

144　　　3章　産業用ネットワークを使うアプリケーション

産業用ネットワークプロトコルはその種類が異なる場合、原則的に互換性はなく、互いにそのデータを交換することができないため、異なる産業分野（プロセス、加工、組立、エネルギー、ビルオートメーションなど）、異なるベンダー、異なる機種の間でデータのやり取りが必要なとき、ネットワークプロトコルが異なることが大きな障壁となります。この障壁を越えることができるようにするための機器がゲートウェイです。

　ゲートウェイは少なくとも2つのネットワークに所属し、所属した一方のネットワークに接続された他の機器のうち特定の1つ、もしくは複数の機器との間でデータ交換を行ない、その結果を他方のネットワークに接続された機器との間でやり取りすることが可能です。この機能により、異なる産業分野、ベンダー、機種の間の障壁を越えるデータ交換が実現します。

２．ゲートウェイの使用目的

　ゲートウェイには大きく分けて2つの使用目的が存在します。1つは2つ以上のネットワーク同士の接続、もう1つはネットワークの分割です。

（1）ネットワーク同士の接続

　ゲートウェイの最も重要な使用目的は、2つ以上のネットワーク同士を接続することです。ネットワーク同士の接続が必要となる場合の例としては以下のものを挙げることができます。

- システム拡張時、既存部分とネットワークプロトコルが異なる拡張部分の接続
- ベンダーが異なるコントローラー（PLC、ロボットコントローラーなど）同士の接続
- 工場の制御システムと企業内上位システム（生産管理システム、ERPなど）の接続

（2）ネットワークの分割

　ゲートウェイをネットワーク間に挿入することで、ネットワークを物理的、論理的に分割することが可能です。この時、ゲートウェイがもつ複数のネットワークポートは同一のネットワークプロトコルの機能をもちます。

145

1つのネットワークをデータ交換機能を維持しつつ分割することには、以下のようなメリットがあります。

- 1つのネットワークで発生した異常状態の他ネットワークへの波及防止
- セキュリティー強化
  （例：IP通信の通過をゲートウェイによって抑止しデータ交換のみを実行、など）

３．ゲートウェイを使用したネットワーク構成

　産業用ネットワークプロトコルを大きく分類すると、所属する1台または複数台の機器がそのネットワークを調停する役割をもつもの「マスター／スレーブ（主／従）構成」と、所属するすべての機器が対等に通信を行うものが存在します。ここでは多くの産業用ネットワークプロトコルで採用されているマスター／スレーブ構成をもつプロトコルを装備するゲートウェイを主に取り扱います。

　産業用ネットワークプロトコルの種類によって、マスターの役割をもつ機器とスレーブの役割をもつ機器、それぞれの呼称が異なる場合があります。表3-10-1はその例です。

　また、ネットワークにおけるマスター／スレーブそれぞれの役割は、あくまで通信を行う上での役割であり、アプリケーションの制御を行う上での役割を示していません。多くの場合、ネットワークのマスター側が制御する側、ネットワークのスレーブ側が制御される側となりますが、ネットワークのスレーブ側が制御する側、ネットワークのマスター側が制御される側のように通信の主従と制御の主従が一致しない場合があることに注意が必要です。

表3-10-1　産業用通信機器の主／従の呼称の例

主	従
マスター	スレーブ
クライアント	サーバー
スキャナー	アダプター
コントローラー	デバイス
マネージングノード	コントロールドノード

（1）スレーブ - スレーブ ゲートウェイ

ゲートウェイのもつ2つのネットワークプロトコルの機能が双方ともスレーブであるものです。この機器でネットワーク同士を接続（分割）するためには双方のネットワークにマスター機能をもつ機器が少なくとも1台ずつ存在することが必要です。

このゲートウェイを使用する事例としては、ベンダーが異なる2台のコントローラーがそれぞれマスターとして動作している2つのネットワークの間を接続する場合などを挙げることができます（図3-10-1）。

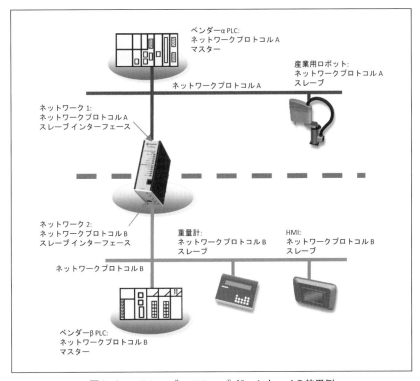

図3-10-1　スレーブ - スレーブ ゲートウェイの使用例

（2）マスター - スレーブ ゲートウェイ

ゲートウェイがもつ2つのネットワークプロトコルの機能のうち、一方がマスター、もう一方がスレーブであるものです。この場合、ゲートウェイの

スレーブ側が所属するネットワークにはマスター機能をもつ機器が少なくとも1台存在する必要がありますが、ゲートウェイのマスター側が所属するネットワークにおいてはゲートウェイ自身がマスターの役割を担うため、ほかにマスター機能をもつ機器の設置は必要なく、複数のスレーブ機器を直接ゲートウェイに接続することが可能です。

このゲートウェイを使用する事例としては、センサー・アクチュエーターなどのスレーブ機器を、ベンダー（ネットワークプロトコル）が異なるコントローラー（マスター）へ接続する場合などを挙げることができます（図3-10-2）。

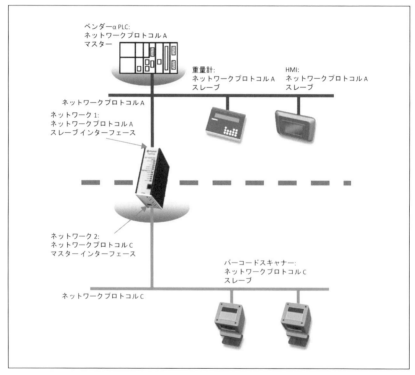

図3-10-2　マスター - スレーブ ゲートウェイの使用例

（3）産業用ネットワークプロトコル - 汎用通信 ゲートウェイ

シリアル通信（RS-232C・RS-485など）やCAN通信（Controller Area Network）、TCP（UDP）/IP通信などの汎用通信の機能のみを装備し、産

業用ネットワークプロトコルを装備していない機器を産業用ネットワークに接続するときに用いるゲートウェイです。この種のゲートウェイのシリアル・CAN・TCP（UDP）/IP側の機能は特定の上位層プロトコルを装備せず、設定やスクリプト作成によって、接続する機器に合わせたプロトコルを構成することが可能です。このゲートウェイを使用することによって産業用ネットワークプロトコルを装備していない機器が、擬似的に産業用ネットワークプロトコルを装備した機器として振舞うことが可能になります（図3-10-3）。

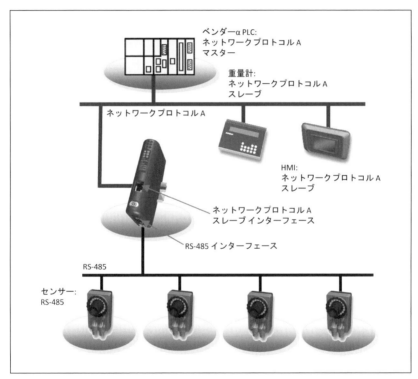

図3-10-3　産業用ネットワークプロトコル—汎用通信ゲートウェイの使用例

4．ゲートウェイ製品の技術動向

　産業用ネットワークにおけるゲートウェイ製品の登場当初、産業用ネットワークプロトコルの主流は物理層・データリンク層にシリアル通信・CAN通信を使用したものであり、通信速度もそれほど速くなく、取り扱うデータ量

も大きくはありませんでした。また、ゲートウェイを通過するデータは、主に単一ネットワーク内で実行されるようなタイムクリティカルな制御に必要なデータではなく、ネットワークに接続されたシステム・機器の状態を表すデータや計測値のロギングの結果などであり、即時性を求められるものではありませんでした。よってゲートウェイもこれらの要求に応えることのできるよう開発、設計されたものであり、その性能はこの目的のために使用されるには十分なものでした。

　しかし近年、産業用ネットワークプロトコルはEthernetをベースとしたものが主流となり、通信速度の高速化や取り扱うデータの大容量化が進んでいます。またゲートウェイを介してネットワーク間で制御データをやり取りするケースも増加していることから、ゲートウェイとしても取り扱い可能なデータの大容量化、制御データの往復に対応できる低遅延化を要求されています。さらに産業用ネットワークにおいては、モーション制御などを目的とした、ネットワークに接続された機器間でのデータの同期機能や、機械安全の実現を目的とした、セーフティーデータの交換機能など、プロトコルの高機能化が顕著になっています。したがって、今後はゲートウェイを介してこれらの付加機能データを取り扱うことが求められていくと考えられます。また、IT系ネットワークと生産現場のネットワークの接続需要の高まりに伴ない、OPC UA、MQTTなどのIT系ネットワークと産業用ネットワークを接続するためのゲートウェイも機種が増加しています。

産 業 用 ネ ッ ト ワ ー ク の 教 科 書

4章
新しい技術との
かかわり

4-1　セキュリティ

4-2　産業用ネットワークを使って IoT を実現するために

4-3　新しい技術

4-1 セキュリティ

1．産業用ネットワークとセキュリティの係わり

「セキュリティ」という言葉には、安全、保安、防衛など幅広い意味がありますが、コンピューターや情報通信のサイバーセキュリティの分野では、システムの機能や性能、データ、通信経路などを適正に保つために、外部／内部からの不正なアクセスや情報の窃取、改ざん、システム破壊工作などのサイバー攻撃による被害の発生を防ぐための取り組みを指します。産業用ネットワークでつながる制御システムは、従来、情報システムやインターネットに接続せず独自のOSや通信プロトコルを使うことが多かったためサイバーセキュリティ上のリスクは少ないと考えられていましたが、近年の制御システムはWindowsなどの汎用OSと標準プロトコルが使われ情報システムに接続されることも多いため、セキュリティ対策が必要になってきています。

一般にセキュリティ対策では、「機密性」（認められた人しかアクセスできないこと）、「完全性」（情報を破壊・改ざん・消去させないこと）、「可用性」（いつでも必要な時に利用できること）の確保が基本ですが、個人情報や業務文書を扱う情報システムで「機密性」が重視されるのに対し、リアルタイムな動作や長期間にわたる連続運転が求められる工場やプラントの制御システムでは、人の安全や環境への影響にも配慮しながら、設備を急に停止させることなく安全に動かし続けるための「可用性」が重視される傾向があり、生産設備や製造工程になるべく影響を与えずにセキュリティ対策を行う工夫が求められます。

今日では、工場やプラントの機器や装置が産業用ネットワークを介して相互に接続され大規模なシステムとして構築・運用されるようになっており、安定操業や品質確保、国家安全保障などの観点から制御システムのセキュリティ強化が社会的課題となっているため、産業用ネットワークの設計・構築・運用・保全に係わる人は、セキュリティの重要性を理解し、関係者と協力してセキュリティ対策を実行しなければなりません。

2．サイバー攻撃手法の進化と制御システムへの影響

　サイバー攻撃の動機には、愉快犯・自己顕示・政治主張・怨恨・業務妨害・金銭・企業や国の弱体化などがあり、攻撃者は、個人、組織内犯行者、犯罪組織、産業スパイ、軍隊などさまざまです。攻撃手法には、よく使われるIDパスワードや流出したIDパスワードのリストを用いてログインを試みる「パスワードリスト攻撃」、外部から継続的に侵入できる裏口を作る「バックドア」、ターゲットとする特定の人や組織に不正プログラムを添付したメールを送る「標的型攻撃」、Webサイトに攻撃用プログラムを仕掛ける「水飲み場型攻撃」、大量のデータを送ってシステムの動作やサービスを妨害する「DoS攻撃」、発見されたばかりで修正パッチがまだ存在しない脆弱性などを悪用して攻撃する「ゼロデイ攻撃」、プログラムの不具合を突いて誤動作や不正な動作をさせる「バッファオーバーフロー」など多岐にわたり、「マルウェア」と呼ばれる攻撃用プログラムをシステム内に侵入させて実行する手法がよく用いられます。最近では、システムの構成や脆弱性を事前に調べた上で、システムの設定やメンテナンスに使われるPCやUSBメモリー等を経由してマルウェアを潜入させ、長ければ数ヵ月〜数年にわたり潜伏して少しずつ攻撃の基盤を作り、機密情報を盗み出したりシステムを不正に操作したりする「APT攻撃」（Advanced Persistent Threat）という高度な攻撃手法も増えています。

　工場やプラントの制御システムの脆弱性を突いた本格的なサイバー攻撃は、2010年にイランの核施設を攻撃した「Stuxnet」が最初で、USBメモリーから不正なプログラムを侵入させ、運用者に気づかれないよう監視画面を偽装した上で正規のコマンドで制御機器のパラメータを書き換え、遠心分離機を故障させたと言われています。2015 〜 2016年にはウクライナの電力システムがマルウェアに感染し二度にわたり大規模停電が起きました。2017年には、データを勝手に暗号化して復号と引き換えに身代金を要求する「ランサムウェア」が世界中に広がり、日本の工場にも感染して操業を一時停止した事例が報告されています。

　工場やプラントへのマルウェア感染経路の多くはメンテナンス等のために持ち込まれるUSBメモリーやPCですが、今後モノのインターネットIoT（Internet of Things）やAI（人工知能）の活用が進んで計装制御機器が外部

のネットワークやクラウドとつながると、感染経路がさらに拡大する危険性が指摘されています。

3．セキュリティ対策の標準化

　サイバー攻撃対策は、インターネットWebサイトの改ざんや個人情報漏洩などを防ぐことを目的に事務所・オフィスで利用される情報システムの分野から対策が進み、ISO/IEC 27000といったセキュリティ対策の国際標準規格が策定されました。その規格に準拠していることを証明する第三者による認証制度も普及し、今では多くの企業が認証を取得しています。他方、工場やプラントで使われる制御システムの分野では、業種業界別に独自の規格が存在するものの、汎用的な標準規格は普及していませんでした。

　しかし、工場やプラントへのサイバー攻撃が増加する中、その対策を推進するために制御システムの分野でもセキュリティに関する汎用的なガイドラインや標準規格の必要性が増しています。そのため、国際標準化団体が制御システムのセキュリティ標準を策定したり、各国政府がガイドラインをまとめて公開したり、法制度を制定したりする動きが、欧米を中心に活発になってきました。

（1）米国の取り組み

　米国では、国立標準技術研究所NIST（National Institute of Standards and Technology）が、産業用制御システムのセキュリティに関するガイドライン「NIST SP800-82 Guide to Industry Control System Security」を2011年から公開しています。そのガイドラインには、民間企業や公的機関が取るべきセキュリティ対策として、工場やプラントで広く使われている監視制御装置SCADAや、分散制御システムDCS、プログラマブル論理制御装置PLCなどを含む制御システムのリスクアセスメント、セキュリティ管理体制のあり方、ファイアウォールなどを用いたネットワーク分割の方法、サイバー攻撃に対する多層的な防御方法、セキュリティ対策の実施手順などが具体的に示されており、産業用ネットワークのセキュリティを検討する際に参照すべきガイドラインの1つです。

　NISTでは、電力や水道など重要インフラのセキュリティを向上させるた

154　　　4章　新しい技術とのかかわり

めに「Framework for Improving Critical Infrastructure Cybersecurity」も策定しています。そこではセキュリティ対策を、①守るべき資産の特定、②防御、③攻撃の検知、④攻撃発生時の対応、⑤復旧の5つに分類し各機能の要件や手順を示しています。

（2）国際標準化の動向

国際電気標準会議IEC（International Electrotechnical Commission）では、制御システムの汎用的なセキュリティ標準「IEC62443」を策定し、セキュリティの要件や運用指針、対策技術、リスクアセスメント、設計方針、製品開発手順などを示しています。それらにもとづくセキュリティの認証制度（ISA Secure認証など）も作られ、その認証を行う第三者認証認定機関も出てきています。

（3）日本の取り組み

日本では、情報通信、金融、航空、空港、鉄道、電力、ガス、行政、医療、水道、物流、化学、クレジット、石油の14分野を政府が「重要インフラ」に指定し、それらのセキュリティを守るための研究開発・国際標準化・人材育成を推進する「制御システムセキュリティセンター（CSSC）」が2012年に設立されて、ISA Secure認証にもとづく認証の業務を行っています。内閣サイバーセキュリティセンター（NISC）では、重要インフラのセキュリティに関する「安全基準等策定指針」や「第4次行動計画」を発表し「リスクアセスメント手引書」も公開しています。こうした取組により日本の産業界でも制御システムのセキュリティに対する意識が高まり、対策の検討や導入が進んでいます。

4．セキュリティ対策

セキュリティ対策を検討する際は、まず守るべき資産を特定することが重要です。工場やプラントで使用されている機器や装置、通信設備、ソフトウェア、データ、製造物などの資産を洗い出し、それぞれの価値や重要度を確認した上で、それらの資産をサイバー攻撃の脅威から守るための対策を具体化していくことになります。

(1) リスクアセスメント

　セキュリティ対策には、簡単な管理策から高度で高額な技術的対策まで多様な手段があり、システムや組織の実状に合わせて適切に選ぶことが大切です。そのために必要な取り組みがリスクアセスメントです。

　リスクアセスメントとは、守るべき資産を洗い出してその価値を確認し、それらの資産に対するリスク（サイバー攻撃被害の可能性や影響度など）を識別・分析して、それらリスクの評価（対策必要性の優先順位付けなど）を行う取り組みです。

　対策を検討する際は、リスクアセスメントの結果にもとづき、費用対効果も考慮し、被害が発生する可能性や影響範囲を減らす手段を選択します。リスクをゼロにすることはできませんが、攻撃を受けても最低限必要な機能を安全に維持できるようにリスクを減らす必要があります。

(2) サイバー攻撃の防御

　サイバー攻撃のリスクを減らすには、システムの脆弱性（攻撃に利用されやすい弱点）を減らし、攻撃者が侵入しにくいシステムにする必要があります。対象システムに求められるセキュリティレベルに合わせて要件を満たすハードウェア、ソフトウェア、通信プロトコル等を選定します。

　産業用ネットワークには、特定の機器だけに通信を許可するアクセス制御の機能や、暗号化の機能、情報システムなど外部からの不正アクセスを防ぐファイアウォールの機能なども備えておくべきでしょう。

　計装制御機器の製造企業は、組込みチップやドライバー等も含めて製品に脆弱性がないか検査すべきです。脆弱性を放置して利用者に被害が及べば損害賠償を請求される可能性もあるため、一定のセキュリティが求められる機器は、EDSA認証など第三者認証の検査を受けておいたほうがよいでしょう。また、出荷後に脆弱性が見つかったらすぐ利用者に脆弱性情報を知らせ、問題を解決するためのバージョンアップなどの対策を速やかに行う体制も必要です。

(3) サイバー攻撃の検知

　サイバー攻撃発生時の被害を最小に抑えるには、異常を早く見つける仕組

みが必要です。ただ、工場やプラントの制御システムでは、マルウェア検知ツールを入れると通信の遅延や制御性を確保する制御演算の完全性の低下や制御動作の不具合が懸念されたり、ベンダーのサポート期限が切れた旧式のOSが使われていたりして、サイバー攻撃を検知する仕組みをネットワーク経路や装置・機器類の中に入れることが困難な現場が多いのが実情です。

そのため、産業用ネットワークをつなぐルーター等の通信機器から、通信処理に影響を与えない端子（ミラーポート）を利用して通信データを収集し異常を検知する仕組みが開発されており、業界によってはすでに導入が進みつつあります。平常時の通信データを機械学習し、通常と異なる宛先への通信や不適切なコマンドを自動検知する技術も実用化され、重要インフラ事業者などで利用される例も出てきました。

今後は、多額の設備投資をしなくても確実に異常を検知できるように、DCS、PLCといった制御機器自体にも、通信や操作の異常を検知する機能を装備することが望まれます。

（4）サイバー攻撃発生時の対応

マルウェア感染を拡大させないためには、異常検知後に速やかに適切な応急対処を行う必要があります。たとえば、制御に影響を与えない範囲で通信ケーブルを抜いたり、異常の原因や感染範囲を特定したりします。ただ、工場やプラントの現場にはセキュリティ専門家がいない場合が多いため、運用担当者が混乱せず迅速に適切な対応ができるように、マニュアルを作って訓練しておくことが重要です。

一度運転を停止すると生産再開に何日もかかるプラントもあるため、マルウェアの感染箇所や種類、攻撃の進行度などによって操業継続の可否を慎重に判断しなければなりません。そのため、解析に必要な通信ログや操作履歴を自動で保管しセキュリティ専門家がすぐ解析できるようにしておく仕組みが求められます。今後は、制御機器自体に、通信の緊急遮断機能を装備するなどして応急対処に要する時間を短縮する工夫が望まれます。

（5）復旧

システム停止などによる事業への影響を少なくするには、なるべく早くシ

ステムを再稼動させることが要求されます。ただ、マルウェアが残っている
と再稼動後に感染が拡大してしまうため、感染機器の交換などによりマル
ウェアを完全に駆除しなければなりません。将来同じ被害が起きないように
再発防止策を講じることも大切です。マルウェアの駆除や再発防止策の検討
を速やかに行えるように、社内外のセキュリティ専門家による支援体制を
作っておく必要があります。

　産業用ネットワークには、原因箇所の特定、機器の交換、再インストール、
パラメータ再設定といった復旧作業を迅速に行うための支援機能や自動化機
能が求められます。

5．システムの現況を正確に管理し監視する仕組み

　セキュリティ対策を適切かつ迅速に行うためには、ネットワークの構成、
接続機器やソフトウェアの種類、IPアドレス、稼動状況などシステムの現況
を正確に把握していなければなりません。

　しかし、実際には、ライン変更や装置交換、IoT/AI導入などが頻繁に行わ
れ、管理台帳や図面とシステムの現況が一致しない場合も少なくありません。
その状態を放置すると、防御や異常検知の仕組みが正しく働かなかったりサ
イバー攻撃への対応や復旧に手間取ったりして、対策の効果が損なわれてし
まいます。そのため、産業用ネットワークに備わる機能などを活用して、シ
ステムの現況をリアルタイムに効率よく把握できる仕組みの導入を進める必
要があります。

　たとえば、PROFINET、EtherNet/IP、IO-Linkといった産業用プロトコ
ルや、FDT、FDIといった産業用デバイス管理ツールには、つながる機器の
種類や稼働状況を自動で認識したり動作の異常を自己診断して通知したりす
る機能をもつものがあります。また、通信データを解析して接続機器の種類
やIPアドレスを自動的に把握するツールも開発されています。

　産業用ネットワークのシステム設計にあたっては、そうした技術を使って
セキュリティ対策にかかる手間やコストを減らす工夫を行うとともに、運用
開始後も新しい対策技術を追加しやすい拡張性をもたせることが求められま
す。さらに、サイバー攻撃手法は日々進化し、計装制御機器の脆弱性が後か
ら見つかる場合も多いため、セキュリティ対策もそれに対応して変更・拡充

していかなければなりません。

　今後IoTや第四次産業革命が進展し製造現場が他社ともグローバルにつながると、企業をまたがる情報システムと制御システムを統合的に監視する体制も必要です。情報システムで普及しているマネージドセキュリティサービス（通信ログ解析・異常検知・原因推定などを代行する仕組み）を制御システムにも適用するなど、セキュリティ対策の高度化や効率化を継続的に進めていく取り組みが求められます。

6．今後の社会的課題～法整備と人材育成～

　セキュリティ対策を社会全体で推進するには、法制度の整備も重要です。たとえば、大規模プラントに第三者認証認定機関による監査や認証対応機器の使用を義務付ければ、短期間に比較的少ない社会的コストで対策が進められる可能性があります。欧米に比べて日本ではそうした法整備が遅れているため、産業競争力向上や国家安全保障のためにも、産官学が連携して法律を整備していくことが望まれます。

　また、産業界がセキュリティ対策を進めていくためには、それを現場で実践できる人材が必要不可欠です。日本でも2017年に情報処理推進機構（IPA）が「産業サイバーセキュリティセンター」を発足させるなどして人材育成を進めていますが、制御システムセキュリティの人材はまだ不足しています。

　産業用ネットワークや計装制御機器の開発製造者、システム設計者、運用者、保全者、利用者のそれぞれが、現場で日々セキュリティ対策を実践できるよう、常に最新の情報を学んで知識を身につけ、技能を習得していく取り組みを継続していってほしいと思います。

4-2 産業用ネットワークを使ってIoTを実現するために

4-2-1　Azure

1．IoTとクラウドの役割

　Internet of Things（IoT）とはいったいなんでしょうか？　IoTという言葉が広まり始めてもう数年経ちますが、その言葉の意味と役割の理解は広く認知されていないように思えます。2018年現在、マイクロソフトはIoTを企業のデジタルトランスフォーメーションを実現するための1つの手法として位置付けています。

　デジタルトランスフォーメーションとは、デジタルのさらなる利活用を通じて行う企業の変革を指し、マイクロソフトはIoTの活用で「顧客とのつながりを強化」と「社員にパワー」を提供し、「業務を最適化」しつつ「製品やサービスのイノベーション」をもたらすことを推進しています（図4-2-1-1）。

　デジタルトランスフォーメーションが必要とされる背景には、近年の社会経済情勢があるといえます。昨今のインターネットの普及により、情報の入手が容易になったことに起因し、市場ニーズも多様化し複雑化しています。

図4-2-1-1　デジタルトランスフォーメーションにおけるIoTの活用

他方、供給側はそのニーズに、適正な生産工程、在庫管理を行いつつ提供することが必要とされています。それらの多様性、複雑性から人の力だけで対応するには限界もあり、さらには採用難の市況の中、適切な人材を確保するのも難しい状況にあります。

IoTはこれらを解決する一助になりえます。たとえば、生産現場で稼働している機器の状態をセンサーがデータとして取得し、それらのデータをエッジデバイス等を通じて蓄積・可視化する。あるいはそのデータを分析・解析することで関わる技術者や経営者に気づきを与え、その振る舞いを見直すことにより、設備・プロセス・人の動きなどをニーズに柔軟に対応することが可能となります。

これらの考え方は決して新しいものではありませんが、上記の概念にインターネットやクラウドを利用することにより、蓄積したデータを基にしたプラットフォーム化や、AIの利用がより容易に可能となり可能性が広がっています。このことがIoTという言葉をあたかもまったく新しいことのように感じさせ、脚光を浴びている要因のように思えます。

ここでクラウドが果たさなくてはいけない役割は大変重要です。まずは安心、安全で、安定した利用ができること、そして価格的にも機能的にも導入の容易さが求められます。その要件を満たすことができて初めて、センサーや機器からのデータを集約・蓄積するポイントになり得て、可視化や潜在する課題をAIも活用して顕在化し、何を、どのように、どう実行すればよいかといったビジネスプロセスの連携も可能にするプラットフォームになり得るのです。

また、このようなクラウドと、より協調できるエッジデバイスがあれば、IoT現場の状況に応じて、クラウドとエッジデバイス間で処理を分担することも可能になり、クラウドを基にしたIoTソリューションの有機的な活用ができ、さらなるデジタルトランスフォーメンションを加速することも可能となります。

2．Microsoft Azureで実現するIoT

マイクロソフトは、Microsoft Azure（以下、Azure）というクラウドプラットフォームを提供し、その中で各種IoTに活用できるサービス・ソリューショ

ンを提供することで、上記の課題解決を提案しています。Azureは以下を基本としており、日本を含め世界の各地域に展開し、その展開地域数はクラウド事業者の中で最大級です。

(1) 安心、安全で、利用ができること
(2) 様々な人が、どこでも安定した活用ができること

　また、各地域で安心してビジネスを行う条件のひとつである、各国の法規制やコンプライアンス等にも対応しています。加えて、データの保全も各地域内での冗長化はもちろんのこと、地域間でも冗長化可能であり、お客様が安心してプラットフォームとして活用いただけるよう、たゆまぬ努力を行っています。

　Azureの代表的なサービスとして、Infrastructure as a Service（以下、IaaS）としてVirtual Machine（仮想マシン）などを実行できる環境のみならず、Platform as a Service（以下、PaaS）として、たとえばMachine Learning（機械学習）、Stream Analytics（リアルタイムデータ処理）、SQL Database（データベース）、Blob Storage（オブジェクトストレージ）などさまざまなサービスを必要に応じて選択して利用できる環境を提供しています。これらのサービスに加え、IoT活用のために開発されたAzureのサービスも多数存在します（**図4-2-1-2**）。

　その中でも特徴的なサービスとして、次を用意しています（**図4-2-1-3**）。

(1) Azure IoT Hub
　　クラウドゲートウェイとして、クラウドと多数のエッジデバイス間でデータを送受信するサービスです。エッジデバイスの展開と、クラウドとエッジデバイス間の接続を容易にし、エッジデバイスの監視・管理機能を提供します。

(2) Azure IoT Solution Accelerators
　　リモート監視・接続済みファクトリ・予測メンテナンス・デバイスシミュレーションといったテンプレートをしており、それらを適宜カスタマイズして自社のIoTソリューションの開発に利用できます。

162　　4章　新しい技術とのかかわり

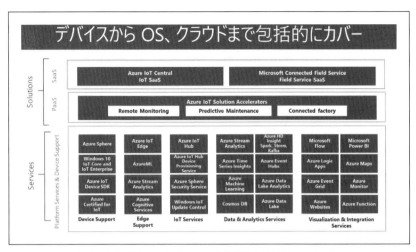

図4-2-1-2　Microsoft Azureの包括的なIoTソリューション

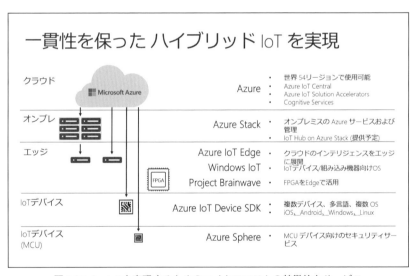

図4-2-1-3　IoTを実現するためのマイクロソフトの特徴的なサービス

(3) Azure IoT Central

IoTも特化した、すぐに利用できるクラウドのSoftware as a Service（SaaS）アプリケーションとして提供しており、開発者なしでもすぐにIoTを実証実験から開始できます。

（4）Azure IoT Edge

クラウドで提供される機械学習・分析などの各インテリジェンスな機能をエッジデバイスにも拡張して利用可能にします。

（5）Azure Stack

クラウドのAzureサービスをオンプレミスで利用できるよう拡張します。AzureとAzure Stackで一貫性を維持したままハイブリッドなクラウドアプリケーションを構築、展開、および運用を可能にします。

（6）Azure Sphere

Micro Control Unit（MCU）で稼働する機器においても、セキュアに安全な接続を可能とし、安心してIoTを利活用できます。

　IaaS、PaaSのような従来のAzureが提供してきたサービスと、現在注力して開発・提供しているこれらのIoT関連サービスを組み合わせることにより、より素早く、柔軟にIoTソリューションを構築することが可能になります。

3．AzureでのIoTの始め方、日本での取り組み

　IoTを実現するために、これらのAzureのサービスを活用しながらProof of Concept（PoC）を開始し、動作を検証しつつ、各関係者のフィードバックを得ながら、必要に応じて設計も再構成しながら最終的なソリューションを構築します。このような開発プロセスは、システム構築の上流段階で仕様を確定した後に実際の構築に着手する、一般的なITソリューション開発と比較すると特異な点でもあります。これは、PoCにより顕在化した課題や、得た気づきをもとに、最適化に図る必要があるためです。

　IoT開発の難しさは、システム／デバイス・コネクティビティ・分析／プラットフォーム・クラウド上のソリューション／アプリケーションなどの多岐に及ぶ技術要素が必要となるからです。このような多岐に及ぶ技術要素を、IT部門は、ITに対しての知見に加えて、現場の実態にあわせて把握する必要があり、また現場は、安心してIoTソリューションを活用するため、ITの課題も踏まえて理解しなくてはなりません。そして、経営陣においては、どう現場の課題と経営課題の解決につながるのか、理解もしなければならないのです。この複雑性がIoTの展開を阻む1つの理由となっているのは否めません。

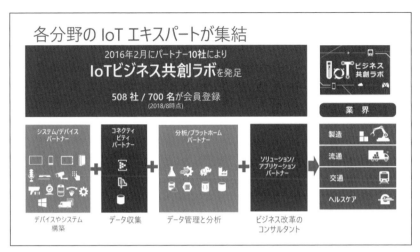

図4-2-1-4　IoTビジネス共創ラボの概要

　このような課題を解決することを目指して発足したコミュニティが「IoTビジネス共創ラボ」です。2016年2月に業界のステークホルダー10社が結束して立ち上げ、マイクロソフトは事務局という立場で本コミュニティの支援を行っています（図4-2-1-4）。システム／デバイス・コネクティビティ・分析／プラットフォーム・クラウド上のソリューション／アプリケーションのスペシャリストや業界特有の課題を解決できるスペシャリストがこの枠組みの中に参画し、どのようIoTを実現していけばいいのか、成功事例の共有や、適切なパートナーとタッグを組むことにおり、"共創"を行っています。

　このメンバーの中には、デバイスやAzureのIoTの機能をベースにしたソリューションを組み合わせ、すぐにIoTを始められる「スターターキット」を提供しているパートナーもいれば、特定の業種・用途に特化してすぐ利活用可能なソリューションを用意しているメンバーも存在します。

4．まとめ

　ここまで述べたとおり、IoTは社会経済課題への対策の一手段でしかありません。だからこそ、課題解決の可能性を秘めているIoTを、効果を最大限に、負担を最小限に適切に活用することが重要です。マイクロソフトはその実現のためMicrosoft Azureというプラットフォームを提供し、パートナー

とともにソリューションを提供することで、デジタルトランスフォーメーションの推進を今後も全力でサポートしていきます。

4-2-2　Edgecrossコンソーシアム

1．はじめに

　ドイツ提唱のIndustry 4.0をはじめとして、各国でIoTによるデータ活用が進められており、産業用ネットワークなどを経由して収集したデータを活用したさまざまな取組が進められています。本稿では、IoTを実現するための生産現場のデータ処理に有効なエッジコンピューティング領域に着目し、エッジコンピューティング領域のソフトウェアオープンプラットフォームであるEdgecrossを普及推進すべく設立したEdgecrossコンソーシアムの活動概要と展望に関して説明します。

2．エッジコンピューティングの重要性

　世界の主要な国々では、IoTを活用したさまざまな戦略による、産業競争力、国際競争力強化が進められている中、ものづくりのプロセスにおいては、バリューチェーンの融合領域である生産現場において大きな付加価値が発現すると考えられています。

　IoTの視点で生産現場を考えると、このバリューチェーンの融合点ある生産現場で付加価値が生み出されると考えられます。そのため、生産現場を中心とした最適化がポイントとなり、FAとITの融合点であり、且つ生産現場に近いエッジコンピューティングの活用が重要となってきます。エッジコンピューティングでは生産現場により近いところでデータを一時処理し、分析に必要なデータを峻別してITシステムに渡すことで、ITシステムとの通信時間およびITシステム内での分析時間の短縮を図ることが可能となります。また、一次処理されたデータは生のデータではないため、セキュリティの確保もしやすくなり、さらに、生産現場に近い場所でデータの管理・処理・フィードバックを行うことで、よりスピーディーな生産改善が可能となります。これにより、たとえば、設備の異常な兆候をエッジコンピューティング領域で捉え、即座に現場へ指示を出すなど、故障する前に設備を停止するこ

166　　4章　新しい技術とのかかわり

とにより、設備異常で不良製品が大量に発生してしまうような問題を解決できます。

3．エッジコンピューティングの課題とEdgecrossコンソーシアム設立背景

このように、エッジコンピューティングは、「ものづくり」の高度化のための重要なポイントです。ただし、そのエッジコンピューティングを生産現場で、期待に応えるように構築するには、2つの課題が存在します。

1つ目は、「IoT化のためのデータ連携には、複雑で手間がかかる」という課題。これは、「生産現場の既設の機器や設備は、接続方法やメーカがさまざまであること」が理由であり、同じく「ITシステムとの接続方法も」さまざまであり、相互接続の障害になっています。

2つ目は、IoT化してデータを集めるのは可能だが、「データの整理には多大な労力がかかる」ということです。これは、バリューチェーンの業務プロセスごとに必要なデータが異なるため、データを整理してITシステムに渡す必要があるためです。

このような課題を解決するための手段、方策として、エッジコンピューティング領域のソフトウェアプラットフォームがあります。このプラットフォームがデータハブとなり、各種産業用ネットワークのさまざまな通信規格やインタフェースの差異を吸収することで、データ連携を容易にすることができます。また、プラットフォームにて、IT化のためのデータを整理して管理することで、必要なデータの抽出が容易になります。

このようなエッジコンピューティング領域のプラットフォームを構築していくには、FAとITの両方の知見が必要となり、企業・産業の枠を超えた協力と協働が必要となります。このような背景から、「企業、産業の枠を超えた協力と協働を行い、新たな付加価値創出を目指す」ことを目的として、幹事会社6社（アドバンテック株式会社・オムロン株式会社・日本電気株式会社・日本オラクル株式会社・日本アイ・ビー・エム株式会社・三菱電機株式者）と51社の賛同企業各社がコンソーシアムを設立することに動き出し、2017年11月にEdgecrossコンソーシアムが設立されました。

4．Edgecross コンソーシアムに関して

　Edgecross コンソーシアムは、「企業、産業の枠を超えて、協力・協働し、新たな付加価値創出する」ことで、グローバル環境でのIoT化や、「Society 5.0」と、Society 5.0の実現に向けた「Connected industries」の活動に寄与することを目指し、「FAとITを協調させるエッジコンピューティング領域のソフトウェアプラットフォーム」である『Edgecross』の普及・推進・仕様策定などを行います。具体的な主な活動としては、以下の6点。

（1）Edgecrossの普及、プロモーション活動や販売活動。
（2）Edgecrossの仕様策定
（3）Edgecross 対応製品の認証
（4）マーケットプレイスの運営等による会員各社販売の支援
（5）部会の活動などのメンバー企業間の協力と協働の場の提供
（6）学術機関（大学・研究所）、関係団体との連携

　顧問として東京大学名誉教授 木村文彦氏を迎え、2018年2月には一般社団法人に移行するとともに、幹事会社として株式会社日立製作所も加わりました。会員企業数は220社以上（2018年11月末現在）となります。
　技術的な検討や取纏め、プロモーションなど具体的な検討は、テクニカル部会、マーケティング部会の2つの部会を設置し、部会は会員企業各社の有識者で構成され、仕様の策定やセミナー・展示会の企画や運営などをオープンな形で協議を実施しています。

5．Edgecross に関して

　Edgecrossは、FAとITを協調させる『日本発』のエッジコンピューティング領域のソフトウェアプラットフォームであり、企業、産業の枠を超え、コンソーシアム会員がともに構築、普及推進を担います。Edgecrossの主要な特長は次の6点です（**図4-2-2-1**）。

（1）「生産現場のあらゆるデータの収集を実現するデータコレクタ」。ベンダや産業用ネットワークを問わず、各種の設備、装置からのデータ収集が可能。

図4-2-2-1　Edgecrossの特長

(2)「多種多様なアプリケーションをエッジ領域で活用」すること。Edgecrossのインタフェースを会員企業に開示し、ITのアプリケーションを容易にFA用途向けに開発することが可能。また、ユーザは、豊富なエッジアプリケーションのラインナップから、用途に応じたアプリケーション選択が容易になります。さらに、ITシステムとの連携をせず、生産現場環境のみで動作できるので、エッジコンピューティング領域で完結したシステム構築を実現。
(3)「リアルタイム診断とフィードバックを実現するリアルタイムデータ処理」。生産現場に近い場所でデータを分析・診断することで生産現場へのリアルタイムなフィードバックを実現。
(4)「生産現場のモデル化を行うデータモデル管理」。生産現場の膨大なデータを階層化、抽象化して管理するため、人およびアプリケーションによるデータ活用を容易に実現。
(5)「産業用PC上で動作」。EdgecrossはWindows（現時点）で動作するソフトウェアであるためさまざまなメーカの産業用PCに搭載可能とし、お客様は、要件にあったハードウェアを選ぶことが可能。
(6)「ITシステムとシームレスな連携を実現するゲートウェイ通信」。クラウ

ドを含めたITシステムとのシームレスなデータ連携によりサプライチェーン、エンジニアリングチェーンの最適化を実現。

　Edgecrossおよび会員企業各社Edgecross関連製品は、Edgecrossコンソーシアムが運営するEdgecrossマーケットプレイスから購入が可能です（会員企業各社のEdgecross関連製品は既存の会員企業各社の商流からも購入可能）。
　また、Edgecrossでは一般的に広く使用されているインタフェース（CSVなど）をサポートしているのに加え、Edgecrossコンソーシアムからが開発キットを会員企業に提供するため、Edgecross対応の各種ソフトウェアを容易に開発できます。
　適用例として、生産現場での「予防保全」の例を挙げます（図4-2-2-2）。

(1) さまざまな設備・装置からデータをデータコレクタを介して収集できるため、生産現場で設備メーカや産業用ネットワークなどを統一する必要がなく、現在設置されている設備・装置を基に対応。
(2) 収集したデータを分析アプリケーションに合わせて、Egdecrossでデータ形式変換や演算処理を行い、分析アプリケーションに合わせたタイミ

図4-2-2-2　Edgecrossの適用例

ングでデータを配信することで、アプリケーションに配信するデータ量のムダをなくします。

(3) 予防保全アプリケーションで迅速にデータ分析・診断をすることでリアルタイムに故障兆候を検知。

(4) 検知した信号を迅速にEgdecrossに通知し、Edgecrossで管理されている設備構成情報から該当する信号灯に適切な指示を出します。

(5) 現場担当者は信号を受け取り次第、データモデル管理で管理されているマニュアル等で復旧対応を行います。

　従来は、設備メーカやネットワーク種別が異なっていると、各設備を横通しで監視できないため、本来検知すべき故障兆候を迅速にとらえることが難しい点がありました。しかし、Edgecrossの活用により、各設備・装置のデータを、リアルタイムに収集・分析・診断できるため、故障兆候を漏れなくとらえることが可能になり、設備の停止時間を最小限にとどめることができるようになりました。

6. 今後の展望
　今後の活動としては以下5点を重点活動とし、部会活動などを通じ、会員企業とともにオープンに議論をして実行を行っていきます。

(1) 部会活動などを通じたユースケースの構築：10件以上

(2) 活動をより活性化するための会員加入活動の推進：300社以上

(3) 会員企業への開発支援強化によるEdgecross対応エッジアプリケーション・データコレクタの品ぞろえ拡充

(4) 海外展開の検討

(5) Edgecrossの標準化・デファクト化に向けた関連団体（海外含む）との連携

4-2-3　FDTによるIoTの実現に向けて

　FDTはフィールド機器のアプリケーションをホストシステムに統合するソフトウェア技術です。機器の設定や調整、診断のために提供されるソフトウェアがDTM（Device Type Manager）と呼ばれ、FDT FRAMEと呼ばれ

171

るFDT仕様に準じたホストシステム上で動作します。またDTMは機器が持つパラメータにアクセスし、プロセスデータ値も含めた設定値、調整値、診断情報を取得し、これらを表示、保存することが可能です。

　DTMは機器ベンダがプログラミングによって洗練された表現の画面を提供することができ、主としてユーザによる画面での操作が中心でした。

　一方、DTMにはユーザインターフェース画面を要しない実行ファンクションの実装も可能です。代表的なものではオフラインデータとオンラインデータとの等値化を行う、アップロードやダウンロードの機能があります。通常これらの操作はホスト側のアプリケーションメニューから選択して実行を行いますが、アセット管理の機能を持つホストアプリケーションでは登録されている機器への一括ダウンロード実行など、ホスト側から各DTMに対してトリガをかけてこれらの操作を行うこともできます。

　これまでFDTでは、機器のデータはDTM内部で処理されDTM個々のフォーマットでホストアプリケーション上に保存されてきました。このためホスト側はこれらのデータの保存管理にはかかわってきたものの、このデータの利用には直接にかかわってきませんでした。

　IoTによる「もののインターネット」の実現に向けて、フィールド機器で得られたデータを上位システムで利用したいとの要求が高まってきました。これまでFDTはISA95の製造業の階層モデルにおいてレベル1のフィールド機器とレベル2の制御システムをつなぐことがそのスコープでした。IoTの要求により、レベル3の生産管理システム、レベル4のエンタープライズへのデータ提供までそのスコープを拡げる必要性があることから、新しいFDT仕様では実装技術の変更に加えて、上位接続に関する機能を強化しました（図4-2-3-1）。

　すなわち、機器のプロセスデータ、設定パラメータ、診断データをDTM内部だけで運用せず、DTM側のサービスを強化してこれらのデータをホストに効率よく提供できるインターフェースを整備しました。

　またホストから機器のプロセスデータの読み出しや診断データの読み取りなどにDTM全体をインスタンシエートせず、これらの手続きだけを実行する小さなプログラム実体としてStatic FunctionもFDT仕様バージョン2から用意しており、これを使って多くのフィールド機器からのデータを少ない

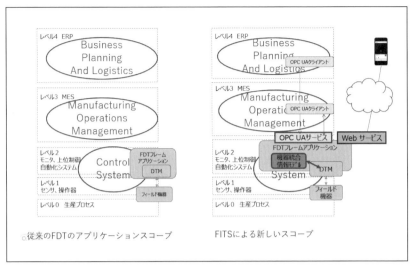

図4-2-3-1　FDTのアプリケーションスコープの拡大

オーバーヘッドでデータを収集することが可能となりました。

　このようにホスト側が積極的に機器からのデータをDTM経由でアクセスできるようになると、上位システムや他のシステムへのデータ交換を実現するためOPC UAサーバをホスト側に実装するための規格化を行いました。具体的にはDTMで提供される機器データに関するいくつかのインターフェースのデータとOPC UAのDevice Integration情報モデルとのマッピングを標準化しています。この標準化の作業はFDTとOPC UAの各技術の標準化団体であるそれぞれFDT GroupとOPC Foundationが共同で行いました。これまでもプロセスデータや一部の診断データはDCS等の制御システムからOPCを経由して上位システムに伝えることはできましたが、これ以外のデータへのアクセスはできませんでした。フィールド機器がもつパラメータの一部には機器の保守に役立つ情報も含まれており、OPC UAサービスを使うことでこれらのデータにもアクセスできるようになります。これまで一定周期で行っていた保守作業も、このようなデータを使って異常予知に伴う条件ベースの保守作業に変えることで、プラントの運用性を高めることが可能となります。

　ホスト側のアプリケーションにOPC UAサーバ機能を実装してクライア

図4-2-3-2　FDT IIoTサーバ（FITS）のサービスモデル

ントへのサービスを提供することから、さらに一歩進めてDTMへのリモートアクセスのサービスもサーバ機能に取り入れ、FDTのIIoTサーバ（FITS）の実現に向けてFDT標準を拡張しています（図4-2-3-2）。

DTMのビジネスロジックは従来通りPCのホスト上で実行し、ユーザインターフェースをリモート端末上で実行させるものです。このときリモート端末は従来のWindowsに加えてiOSやAndroidなどのモバイル機器も視野に入れ、プラットフォームに依存しないWebベースのユーザインターフェースとすべく、HTML5をベースとした技術を利用します。またモバイル機器のアプリとしてフィールド機器に関するサービスが実現できるようWeb Socketのサービスも Webサービスの一部として提供する予定です。このサービスを利用して機器ベンダやITベンダがさまざまなアプリでソリューションサービスが提供できるようになります。

FDTではさまざまな通信プロトコルに対応し、多段ゲートウェイによる通信パケットのトネリングにも通信DTMを使ってホストアプリケーションに統合化することができます。この機能を拡張してプラントからエッジデバイス、そしてクラウドまでをシームレスに通信機能を統合化することが可能で

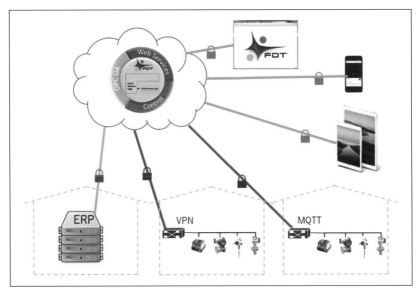

図4-2-3-3　クラウドでのFITSサービス

す。FITSではクラウド上の仮想コンピュータにFDTのホスト機能を実装し、その上で動作するDTMを使ってFITSのサーバサービスも実現することができます（**図4-2-3-3**）。通信DTMの機能を使ってクラウドからプラントフロアのフィールド機器へのアクセスが行われます。こうすることでFITSは特定のプラントやサイトに拘束されることなく、州や国を越えて複数のプラントのフィールド機器を横断的に管理運用することが可能となります。このようなサーバからプラントの制御システムへの接続サービスは**図4-2-3-2**のControlに相当します。

現在FDT仕様バージョン2.5のホストアプリケーションであるFRAMEおよびDTMのビジネスロジックの各共通コンポーネントはFDT技術を標準化推進する団体であるFDT Groupによって開発されていますが、将来のクラウド上でのFITSの稼働に向けて、これまでのWindowsプラットフォーカからの独立も視野に入れています。具体的には現在の実装技術であるMS Windowsの.NET CLR4を.NET Standardのライブラリを利用してLinux OSでも動作するようコンポーネントの実装を検討しているところです。

FDTでは、FITSによるビッグデータサービスやモバイル機器によるリ

モートアクセスなど幅広いサービスにも利用できます。フィールド機器の特定のサービスはモバイル機器のアプリを通して提供することで、FITSがそのサービスプラットフォームとしても利用されることが期待できます。

IIoTでは最終的にフィールド機器とエンタープライズシステムがEthernet系のフィールドバスを使用し、機器自体にOPC UAサーバを実装して直接データ交換を行うことが考えられます。しかしプラントのライフサイクル全般を考えたとき、機器設置前のオフラインエンジニアリングなどの作業は実機がないとその作業を進めることはできません。そのためには実機に代行してこれらの作業が行える環境が求められます。機器ベンダが提供するDTMは機器のデジタルコピーとしてホストシステムで管理されます。機器設置後は実機とのデータ同期、事故や機器交換時における機器のバックアップコピーとしての役目を果たします。

IIoTではものとものがつながり、さまざまな情報が交換されます。そこには人間の仲介なしに多くのトランザクションがなされます。この場合必要とする情報が確実に参照できる仕組みが求められます。OPC UAサービスでの機器の情報検索では、情報モデルにその仕組みを用意する必要があります。現在FDIの仕様を管理保守する団体FieldComm GroupとOPC Foundationの2つの協会では情報モデルの改定を目指しています。機器の情報はIECのCommon Data Dictionaryや欧州を中心にISOで作られたeCl@assの辞書に含まれるSemantic識別子を用いてその意味付けを行うことが協議されています。この仕組みを使うことで、ものの特定のデータをパラメータ名やローカル言語によるラベルではなく、Semantic識別子という国際標準で規定された識別番号で検索できるようになります。FITSが提供するOPC UAのサービスでも将来この改定を取り込む予定です。

FDT/FRAMEがFITSとしてサーバのサービスを展開するとき、クライアントとの通信ではインターネットを経由するケースも増えてきます。このためIT業界で標準化されたTLSの技術を使い、トランスポート層のセキュリティを確保するほか、x.509 v3のデジタル証明書による認証、FDT仕様書で規定するユーザロールベースでのアクセスコントロールなど多重のセキュリティ対策を仕様の中に組み入れています。

4-2-4　OPC

1．OPC UAの台頭

　近年、IIoTやIndustrie4.0を具現化する取り組みが活発になっております。その中で、OPC Unified Architecture（OPC UA）が、コンポーネント間の相互運用を実現する技術として脚光を浴びております。OPC UAは、OPC Foundationが開発する「産業用相互運用標準」です。OPCの主要市場であるオートメーション分野には、重要インフラを支えるシステムや機器が多数存在します。そのため、同分野では、相互運用能力に加え、安全性、信頼性、堅牢性などの機能継続を担保できる能力が求められます。これが、「産業用」が意図するところです。

　OPC Foundationは、1996年に米国で発足し、産業オートメーション分野を中心に、プラントや工場に配置される制御システムの相互運用技術として発展してきました。2008年に公開されたOPC UAでは、仕様の適応範囲を、オートメーションピラミッド（フィールド機器からエンタープライズシステム）の全域に拡大しました。これにより、マルチベンダ、マルチプラットフォーム、マルチドメインでの利用が可能となり、工場内での適用に留まることなく、産業界で利用されるあらゆる「モノ」のコミュニケーション技術として認知されるようになりました。

2．OPCの目標と戦略

　OPCの目標は、「産業用相互運用」の実現です。これは、3H＋1Wのコンセプト（**図4-2-4-1**）により達成されます。産業界におけるOPCの役割は、システムやデバイスの相互運用を支援する技術「HOW」を提供することです。そして、相互運用される知識「WHAT」は、ドメインの専門家により創出されます。つまり、相互運用は、情報交換技術だけでは完結せず、相互運用で交換される情報の定義が必要不可欠となります。そのため、現在、OPCでは産業界を代表する各分野の組織と連携し、相互運用に活用できる情報モデルの開発を支援しております。

177

図4-2-4-1　OPCの目標を実現するコンセプト

3．デジタル化に於けるOPCの役割

　CPS（Cyber Physical System）は、Industries4.0に台頭する各国における製造業革新政策のキードライバです。CPSは、フィジカル空間からデータを収集し、サイバー空間で、そのデータを分析し、その成果をフィジカル空間で活用する概念です。この概念の実現に、デジタル化が重要な役割を果たします。

　デジタル化は、「モノ」に起因する固有データを、サイバー空間で解釈・利用できるように正規化することです。しかし、「モノ」は、複数のデータを持ちます。また、各データは固有の意味をもちます。そのため、利用者の関心に基づき表現する必要があります。たとえば、フィールドに配置するセンサは、設計、設定、運転および保守等の情報をもちます。これらの情報を適切に表現・解釈できる環境を整えることで、用途に応じたデータ活用が可能となります。

　OPC UAは、Communication基盤として、「モノ」の構造や振る舞いを表現する技術（つたえる）を提供します。この技術を利用して、「モノ」の提供者が、その特性（情報）を公開することで、利用者は、それを、自律的に解釈・利用することが可能となります。（図4-2-4-2）

4．産業用ネットワークとOPCの連携

　産業用ネットワークでは、すでにデジタル化が進んでおり、ネットワーク上に配置されたフィールド機器の情報モデルに基づきデータ交換が行われて

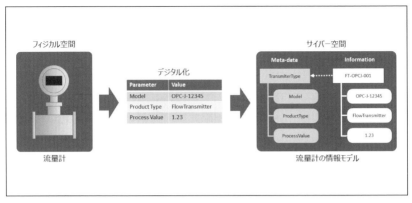

図4-2-4-2　デジタル化とCPS

おります。たとえば、フィールド機器のコンフィギュレーションに利用される静的なパラメタや、状態監視に利用されるダイナミックデータなどが、フィールド機器の種別によって定義されております。

　CPSの観点から、産業用ネットワークに配置された機器やアプリケーションを考察すると、デジタル化された情報を基に相互連携されていると言えます。しかし、その範囲は、ネットワーク境界内に留まっております。これは、生産現場には、生産設備の役割に応じて、異種ネットワークが存在するためです。

　OPC UAは、Indutrie4.0における製造実行分野の推奨コミュニケーション規格として位置付けられております。OPC UAは、トランスポートプロトコル非依存のアーキテクチャを採用しており、さまざまなトランスポートに対応しております。この特徴から、制御ネットワークや情報ネットワークでの適用が進んでおります。一方、現在、OPC UAは、リアルタイム性（転送遅延時間）を担保するプロトコルには対応しておりません。そのため、OPC UAが時間的制約の厳しい産業用ネットワークに置き換わることはありません。しかし、産業用ネットワークで扱われるデジタル情報を、異種ネットワークに橋渡しすることができます。つまり、OPC UAを、ネットワークの境界に配置することで、産業用ネットワークで生成されるデジタル情報を、広範に活用することが可能となります。

５．情報モデルの拡充

すでに、OPCと産業用オープンネットワークの連携が進んでおり、いくつかの組織との間で、OPC UAのCompanion仕様が公開されております。Companion仕様は、コラボレーションパートナーが規定する情報モデルを、OPC UAのメタモデルを基に定義したものです。OPCでは、OPC UA for Device仕様を規定し、デバイスの特性（パラメタ、振る舞い）を記述するためのメタモデルを提供しております。このメタモデルを利用することで、フィールド機器の構成や、その機器がサポートする機能を定義することができます。同仕様は、次のユースケースに対応しております。

1. ディスカバリー

    プロバイダは、デバイスのトポロジを表すことができます。コンシューマは、トポロジを確認することで、目的のデバイスを利用することができます。

2. コンフィギュレーション

    プロバイダは、デバイスのパラメタ（モノ）や、デバイスの振る舞い（コト）を定義して公開することができます。コンシューマは、その定義に従い、デバイスのパラメタやサービスを利用できます。

3. ダイナミックデータへのアクセス

    プロバイダは、デバイスがもつダイナミックデータ（ステータス、プロセス値等）を定義して公開することができます。コンシューマは、デバイスのダイナミックデータを監視・操作することができます。

4. アラームの通知

    プロバイダは、デバイスが生成するアラームを表現し通知することができます。これは、OPC UAの基本機能になります。コンシューマは、デバイスが生成するアラームの種類を確認し、アラームを受信することができます。

６．産業用相互運用標準のさらなる進展

OPCは、生産現場で利用されるすべてのコンポーネントのデジタル化を推進し、産業用相互運用標準として、CPSの実現に貢献します。産業用オープンネットワークとの連携は、この活動を成功させるキードライバとなることでしょう。

7．国内におけるOPCの普及推進

　国内では、日本OPC協議会（OPC-J）により、OPCの普及・推進活動が行われております。OPC-Jは1997年に活動を開始し、会員様を対象とした相互接続テスト、雑誌やインターネットを通じた広報活動、カンファレンスによる技術推進活動を展開しております。これまで、相互運用テストでは、参加製品の相互運用品質を高め、現場での予期しない不具合の低減に大きく貢献しております。OPC-Jは、これらの活動を通して、OPC Foundationの目標である「産業用相互運用」の達成に取り組んで行きます。尚、OPCに関する仕様や情報は、次のサイトから取得できます（https://opcfoundation.org/）。

4-2-5　ORiN

1．ORiNの開発背景

　近年、工場においてITを活用した変革が加速し、本格的なスマート工場の実現に着手する企業が増え始めました。

　スマート工場を実現するためには、設備を構成する多様な機器と接続し、分析に必要な情報を取得する技術が必要になります。また、生産設備の稼働率、品質の向上、多種・多世代・量変動などに対応するために、生産ラインの機器内に収められた情報を収集・分析し、迅速な改善やリアルタイムに適切な処置を実施する環境も必要になります。

　しかし、工場においてこれらの「つながる」環境を構築することは容易ではありません。生産ラインにはさまざまなメーカによる多様な機器が混在しており、それぞれに通信仕様が存在します。そして、情報を取得したい機器に対し「一品物」の通信インタフェースから開発を始めなければならないため、開発工数やメンテナンス費用の増大、そしてシステム構成が複雑になるなどの問題に悩まされます。

　これらの問題を解決する手段として、FA機器に対し統一的な接続を可能とする「ORiN（オライン）」が誕生しました。

181

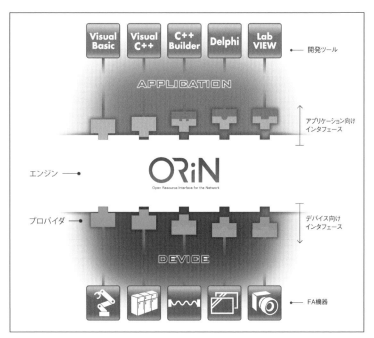

図4-2-5-1　ORiNイメージ

2．ORiNの概要

ORiN（Open Resource Interface for the Network）とは、ORiN協議会により制定された工場情報システムのための標準ミドルウェア仕様です。

現在、「ORiN2 SDK」として実用化され、PCのアプリケーションソフトウェアから、メーカ固有のFA機器（ロボット、PLC、NC工作機械など）へのアクセス方法に合わせることなく、統一的な接続が可能となります。

また、PCの汎用言語（C#、C++、Visual Basic、LabVIEW、Javaなど）で開発できるため、産業用PCから各種FA機器のコントローラ制御や情報収集が可能となり、ソフトウェア開発の工数削減やソフトウェアの再利用性、さらに保守性の向上が期待できます（図4-2-5-1）。

3．ORiNの歴史

ORiNのプロジェクトは、1999年度からNEDOの3ヵ年プロジェクトとして、一般社団法人日本ロボット工業会が主体となり開発が進められました。

表4-2-5-1　ORiN歴史

1999	・日本ロボット工業会が標準化活動の一環としてスタート 　※3年間にわたりNEDO（新エネルギー・産業技術総合開発機構）より援助を受け 　　本格的に始動 ・国際ロボット展に出展　※2001年に出展各社のロボット接続検証テスト実施
2001	・ORiN Ver1.0仕様の完成
2002	・ORiN協議会を設立し普及・機能向上活動を推進
2005	・ORiN Ver2.0仕様の完成
2006	・ORiN2 SDKとして、デンソーが商品化
2007	・ORiN2 SDKが「今年のロボット」大賞2007で優秀賞を受賞
2011	・12月、ORiN Ver2.0仕様の一部を「ISO 20242-4」としてIS発行
2016	・ドイツ国際オートメーション・メカトロニクス展（AUTOMATICA）に出展、講演 ・NEDOより支援を受けORiN3プロジェクトが始動

　国内主要ロボットメーカも参加し、1999年、2001年の国際ロボット展における実証試験を経て実用性を高めてきました。

　2001年度に、ORiN Ver1.0仕様を制定するとともに、Ver1.0仕様に準拠したORiNソフトウェアの開発を完了し、2002年度にORiNの普及やニーズに対応した改良を目的としてORiN協議会を設立しました。

　2005年度にはORiN Ver2.0仕様が完成し、2006年度に「ORiN2 SDK」としてデンソーが商品化、2011年度にはORiN Ver2.0仕様の一部がISO20242-4として発行され、国際標準規格と認められました。

　そして2016年度には、NEDOの支援を受け「Industrie 4.0」「IoT」を考慮した新しい規格として「ORiN3プロジェクト」が始動しました（**表4-2-5-1**）。

4．ORiNの技術

　ORiNは、FA機器にアクセスするためのインタフェースで、アプリケーション向けとデバイス向けの2つのインタフェース（アプリケーション：エンジン、デバイス：プロバイダ）を提供します。エンジンは、標準プログラムインタフェースと共通の機能をもち、各デバイスの違いを意識することのないアプリケーション開発環境を提供します。プロバイダは、各種FA機器とパソコンを接続する通信インタフェースをもち、機器ごとに異なる通信仕様の差異を吸収することで、上位アプリケーションに統一的なアクセス手段を提供します。

これにより、アプリケーションベンダは、各種FA機器に依存せずにクライアントアプリケーションを開発でき、FA機器メーカはクライアントアプリケーションに依存せずに機器が持つ機能を公開できます。

また、分散オブジェクト技術にマイクロソフト社のDCOM（Distributed Component Object Model）を実装し、各種FA機器をネットワーク上の自由な場所へ配置ができます。

さらに、OLEに対応したさまざまな汎用言語の開発ツールから呼び出すことが可能で、ユーザが開発言語・開発環境を自由に選択できます。

5．ORiNの活用

ORiNの活用には2つの方向性があります。

1つは「制御」的活用です。これまで日本の自動車業界では、製造工程の設備を制御する手法として、FA機器は各メーカが提供する専用言語を使用し、統括制御をPLC（ラダー言語）で行うのが一般的でした。この手法は現在でも広く使われており、実績を考慮しても信頼性は高いといえます。一方、さらに多くのユーザに設備の自動化を推奨する手法として、「産業用PCを活用した設備制御」があります。ユーザが自由に選択できる環境を提供するという観点から、産業用PC統括制御を実現するORiNの技術は、きわめて有効的な手段となります。

そしてもう1つは「情報」的活用です。工場情報システムとの連携や、業務効率化、さらに製造ラインで活用されるFA機器に関する故障の予知／予防など、さまざまな状況に対応できるアプリケーションを開発するためには、対象となるFA機器との接続が必要になります。その接続を実現する手段にORiNの技術を活用すれば、上位システム構築の大きな手助けとなります（**図4-2-5-2**）。

また、ORiNの開発コンセプトに、現実世界（フィジカル）と仮想世界（サイバー）を共存させる考えがあります。

ORiNを活用すれば、工場設備を構成する多様なFA機器から設備データを収集・蓄積し、それを定量的に分析した結果をフィードバックすることで、インテリジェントな生産システムを構築できます。設備開発の事前準備や動作検証プロセスにおいては、実機とシミュレーションの接続を可能とし、設

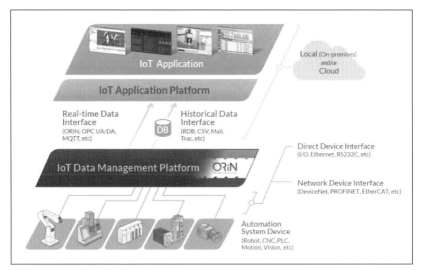

図4-2-5-2　ORiN活用アーキテクチャ

計段階から実装・運用・保守まで一貫したシステムを構築できます。

それは「サイバーフィジカルシステム（CPS）」の思想に一致しており、固定的な生産ラインの概念をなくし、動的・有機的に再構成できるセル生産方式を目指した「スマート工場の実現」には、ORiNの設計思想が最適と言えます。

6．ORiNの今後

スマート工場を実現するためには、「1つの標準規格」ですべてをカバーできるほど単純ではありません。それはORiNも例外ではなく、ORiNのみですべてを接続することはできないでしょう。しかし、ORiNにはさまざまな「他の標準規格」と柔軟に連携する技術があり、現在は、FL-net、EtherCAT、Modbus、OPC、OPC UA、Edgecross、MQTT、ROSなど、他規格との連携が可能です。

日本発の国際標準規格「ORiN」は、ORiN自身の標準化だけでなく、工場で必要なISO/IEC/業界団体の「他の標準規格」と連携して、すべてをつなぐ架け橋となり、世界の工場IoT化に貢献します。

| 4-3 | 新しい技術 |

4-3-1　TSN（Time Sensitive Networking）

　産業Ethernetの仕様がマーケットに出てきたのは、2000年以降です。オフィスなどで使用されているEthernetを工場の現場用ネットワークとして使う場合、「EthernetにDeterministic性をどのように付加するか」が検討点となりました。Deterministic性は、日本語として、相当する単語はありません。直訳すれば「決定的な通信性」となります。つまり、「決められた時間に確実に到着することを保証する性能」です。

　工場の制御はリアルタイムで行いますので、データがある時間範囲内に来ないと、制御の品質が低下してしまうのです（どのくらい遅れても大丈夫かは、アプリケーションによります）。

　2000年当時は標準のEthernetにDeterministic性がないので、産業用Ethernetを推進する団体は、その協会独自の方法でDeterministic性を付加してきました。

　TSN（Time Sensitive Networking）は、標準のEthernetとして、つまりIEEEの標準技術として、EthernetにDeterministic性を付加する技術です。

1．歴史

　TSNは音楽の配信技術Ethernet AVB（IEEE802.1 Audio/Video Bridging）がその始まりとなります。2004年にIEEEの中でIEEE802.3 Residential Ethernetのグループが作られました。"Residential"という言葉もあるように、住宅で使う音楽機器をEthernetでつなぐための通信規格を検討して、パイオニア（日本の企業）、Samsung、NEC（日本の企業）、Nortel、Broadcom, Gibson（ギターの会社）などが中心メンバーとなっていたようです。その後、このグループは2006年にIEEE 802.1 Audio Video Bridging（AVB）Task Groupに移行し、規格を完成させました。

　AVB技術は音楽では使われなかったのですが、同時期にこの規格を、車載LANとか工業用に使うことができないかを考えたグループがいました。実は

186　　4章　新しい技術とのかかわり

自動車も自動運転を考えるとたくさんのセンサを搭載したり、GPSの信号を取り入れたり、音楽を流したり、その上エンジンへの信号を変化させたりするので、いままで車載用ネットワークとして使っていたCANだとかFlexrayでは能力が不足してきたのです。

おそらく2011年くらいにIEEE 802.1 Time-Sensitive Networking Task Group（TSN）が組織され、TSNの検討がスタートしました（主要メンバー：Broadcom, Marvell, Intel, Cisco, Extreme, Ericsson, Gibson, Harman, Siemens, BMW, GM, Hirschman, Rockwell, GEなど）。

2．TSNとは

現在、IEEE 802.1 Time-Sensitive Networking Task Groupではたくさんの規格が討議されており、まだ仕様となっていないものもあります。ただし、産業用ネットワークとして使うと思われる部分について、説明します。

Ethernetを使って、メッセージの到達に遅れが出る原因は、Ethernetが通信経路にスイッチを使い、スイッチ内で複数のポートから来た複数のメッセージが混み合うと、「待ち」が発生するためです。たとえば、ポート3からポート1に流れるメッセージがあるとき、ポート1が空いていれば、すぐにメッセージ

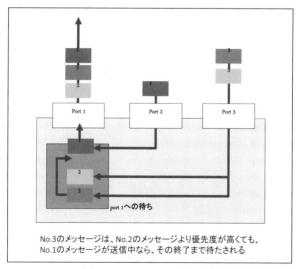

図4-3-1-1　メッセージの待機

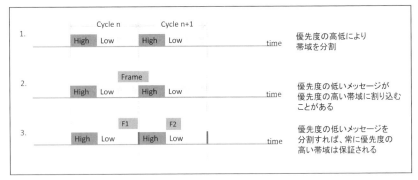

図4-3-1-2　TSNの動作

は流れ、遅れは発生しません。しかし、もし、別のメッセージがポート1を使用していると、そのメッセージが終わるまで、ポート3からのメッセージは待たなくてはいけません。つまり、遅れが生じます（図4-3-1-1）。この「待ち」をなくすために、以下の技術を使用します。

(1) ネットワークにつながる機器の時刻を同期させます。(IEEE1588を利用したIEEE802.1AS)
(2) メッセージを分類し、優先させるメッセージの帯域を確保します（IEEE802.1Q VLANタグとIEEE802.1Qbv）。
(3) 優先度の低いメッセージが優先度の高い帯域に入りそうになったら、途中で打ち切り、優先度の高いメッセージを流す。打ち切られたメッセージのあとの部分は、再び優先度の低い時間がきたら流します（IEEE802.1QbuとIEEE802.3br）（図4-3-1-2）。

つまり、TSNでは次の処理が行われます。

(1) すべての機器が同じ時刻をもっていますので、ある機器が優先度の高い（遅れてはいけない）メッセージを発信するとき、他の機器は通信を控えます。ですから、メッセージは目的の機器に到達するまで「待ち」がないので、必ず決められた時刻に到達します。
(2) 優先度の低いメッセージは優先度の高いメッセージを送る時間に食い込

まないように処理されますので、優先度の高いメッセージは必ずある時刻に発信できます。

　TSNを使うことで、メッセージ到達の時間遅れが1μ秒以下になるとされています。

3．TSNを採用するメリット
　TSNを採用するメリットは、以下があります。
（1）今まで、各協会独自の方法でEthernetのリアルタイム性の実現をしてきましたが、これがIEEEの標準技術できるようになります。
（2）そのため、世界中で多くのスタックメーカがこれに基づく素子をより広いレンジで提供できるようになります。したがって、チップの価格がより安くなると考えられます（製品の価格が安く提供できるようになります）。
（3）IEEEの標準技術なので、他のIEEEの技術とも並立できます。また、10Gbps、40GbpsのEthernetにも適用できるとされているので、長い寿命が期待できます。

参考文献
1）Wikipedia, https://en.wikipedia.org/wiki/Time-Sensitive_Networking
2）IEEE HP, http://www.ieee802.org/

4-3-2　APL（Advance Physical Layer）

　産業用ネットワークがファクトリーオートメーション（FA）とプロセスオートメーション（PA）で、それぞれ別々に成長してきたのは1章で説明しました。
　プロセスオートメーションで使われるFOUNDATION Fieldbusとか、PROFIBUS PAはIEC61158-2で規定された31.25kbpsの通信速度で動いており、RS485または通常のEthernet（100Mbps）より、かなり遅いスピードとなっています。その結果、FOUNDATION Fieldbus、PROFIBUS PAではデータの更新周期が500msecから数秒という単位になります。

31.25kbpsという速度に限定されるのは、プロセス産業では現場機器と通信するときに、データを通信する機能だけでなく、以下の機能が求められるためということも説明しました。

1. 2線式伝送（バス給電)
2. 本質安全防爆

　しかし、プロセス産業でも現場機器との通信にEthernetを使いたいとの要求があります。「2線式伝送」、「本質安全防爆」の条件を満足しながら、Ethernetを使いたいという要求を満たすべく、フィールドコム・グループ、ODVA、プロフィバス協会が共同で標準化を進められている技術がAPIです。

　APIはネットワークの物理層の技術ですので、APIの上位のアプリケーション層に3つの協会の通信技術がのることになります。アプリケーション層の技術とは具体的には、Hart IP、EtherNet/IP、PROFINETとなりますが、他の汎用Ethernetのアプリケーションを搭載することもできます。

　2018年6月の3協会の共同のプレスリリースによれば、IEEEとIECでの標準化の終了後、2022年には実際のプラントで使用が始まる見込みです。

　APIの大まかな仕様は次のとおりです。

　　　10Mbps　全2重
　　　ツイストペア線とシールド線を使用（現場機器への通信線はIEC61158-2、TypeAを使用する)
　　　信号線は2線でバス給電も行う
　　　本質安全防爆に対応
　　　物理層の規格なので、通常のEthernetフレームも使用できる

　現在、考えられているシステム構成は**図4-3-2-1**のとおりです。

　APL power switchは、標準的なEthernetとAPLを仲介します。ここから、APL field switchに通信と電源供給ができます。APL power switchとAPL field switchをつなぐラインはトランク（幹線）となり、1,000mまで延長できます。リング接続、冗長化はオプションとなります。

　APL field switchは現場機器に接続されます。現場機器には最大500mWの

190　　**4章　新しい技術とのかかわり**

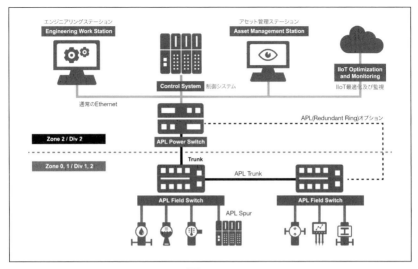

図4-3-2-1

電力供給ができます。また、現場機器は本質安全防爆の機器を用いることができます。APL field switchと現場機器を結ぶラインは支線となり、200mまで延長できます。

APLは将来は100Mbpsまでスピードを速くする予定です。

今まで産業用ネットワークはプロセスオートメーションでの普及は進んでいないという見方が一般的でしたが、APLが登場することで、一気に普及が加速されることが期待されます。

産 業 用 ネ ッ ト ワ ー ク の 教 科 書

5 章
設置と管理――
トラブルシューティング

5-1　RS-485

5-2　Ethernet

5-3　無線

5-1 RS-485

　工場のネットワークシステムを取り付け、使用するときに、すぐに正常に動けばよいのですが、トラブルが発生することがあります。また、正常の運転を続けているネットワークも長年（10年とか15年）使っていると、急にエラーのでることがあります。つまり、ネットワークに接続している機器の「BUS Fail」ランプが点灯し、通信データが読めなくなるような場合です。

　通信関連のトラブルの原因は、主に次の4つがあります。

- 設計
- エンジニアリング
- 機器
- 取り付け

　設計とは、ケーブル長、機器の個数、通信の負荷などがフィールドバスの仕様を超えたもの。エンジニアリングとは、通信ソフトの設定ミスとかダブルアドレスなど。機器とは一般にハードの故障（ソフト的には正しいとして）。取り付けとは、配線関連のエラーと分類できます。

　使用されているフィールドバスの種類により、設計・エンジニアリングの方法は異なってきます。そして、エンジニアリングのエラーである場合は、フィールドバスを流れるメッセージを読み取り、メッセージを解析して、設定のどこかに間違いがないかを推測することができます。メッセージの解析方法については、各フィールドバスの仕様を読んでいただくことになります。また、多くのフィールドバスでは、エンジニアリングのエラーがあると、低い通信速度でも高い通信速度でも通信できません。逆に言うと、低い速度で通信ができて、高い速度に設定すると通信できなくなるのは、エンジニアリングのエラーではなく、機器のエラー、または取り付けのエラーの公算が高いと言えます。

　本稿では、フィールドバスに共通して発生するエラーとして、多くのフィールドバスで使用されている電気層・RS-485に関連するエラーについて、説明します。

194　　　5章　設置と管理─トラブルシューティング

多くのフィールドバスでは、RS-485通信はDaisy Chain（芋づる）方式で接続します。この方式ですと、たとえば1ヵ所にトラブルが発生すると全体にトラブルの影響が波及します。

これは悪いこともありますが、逆に見ると、ネットワークのどの点で観測しても、全体の通信の品質をチェックできるともいえます。

フィールドバスのデータを送信する機器はONデータとOFFデータのパターンを受信する機器に送出します。RS-485は電気層ですので、通信のONデータとOFFのデータを異なる電圧で伝送します。つまり、電気層のエラーとはデータのONとOFFが正しく伝わらないこと、データを受け取る機器がONの電圧とOFFの電圧を認識できないことになります。

ONとOFFパターンは図5-1-1にあるように、矩形波であり、仕様で規定された電圧、時間幅の範囲であれば正しく伝わります。ONとOFFが伝わらない原因は次のことにあります。

- 波形が矩形波でない（図5-1-2：矩形波でない波形）
- 電圧が既定値を外れている（多くは電圧が低い）
- 波形の発生が時間的にずれている(これはあまりない)

波形がこのように決められた仕様から外れる要因は以下の理由が考えられます。

- 反射波
- 断線
- 短絡
- シールド切れ
- コネクタのゆるみ
- 雨などの侵入により絶縁抵抗の劣化
- ノイズ

反射波とは、ケーブルを流れるエネルギーが均一なケーブルとは違った境界にぶつかったとき、反対方向に発生するエネルギーです。

195

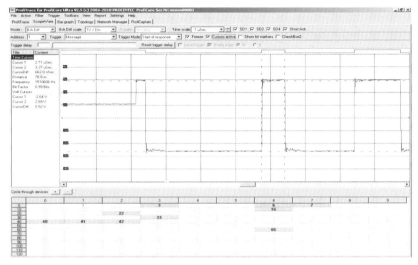

図5-1-1　矩形波に近い通信波形

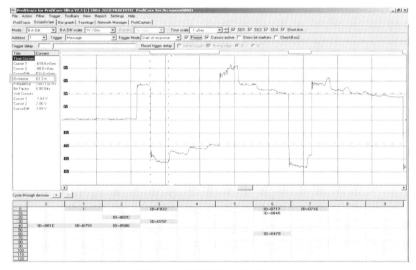

図5-1-2　矩形波でない通信波形

フィールドバスで反射波を起こす要因としては以下などがあります。

- 終端抵抗を取り付けていない（ケーブル端が開放されている）
- 終点抵抗を規定より多く取り付けている
- 終端抵抗が正しい仕様のものでない
- ケーブルが規定より曲がって取り付けられている
- 支線が規定より長い
- 異った仕様のケーブルをつなげて使っている

　実際に波形が正しい矩形波であるかは、オシロスコープにて確認することになります。

　オシロスコープで計測するポイントを移動させ、いくつかのサンプルを取ることで、同じ機器からの波形でも計測点によって波形、電圧などが異なって観測されることがあります。このような違いを発見することで、どこの場所がトラブルの原因になっているか推定できます。

　日常の点検で機器の通信状態表示用LEDだけを見ていると、LEDが緑色でしたらフィールドバスの通信が実行されていることはわかります。ただし、LEDの表示では波形の品質まではわかりません。波形の品質が悪い（矩形波でない、電圧が低い）場合は、その時に通信ができても、時間がたち、機器とか配線が経年変化をすると、通信のトラブルが発生する場合があります。したがって、余裕をもった波形の品質で、通信が実行されていることを、スタートアップおよび定期点検時に確認しなければなりません。

　波形を含めたネットワークの記録は、その後、通信のトラブルが発生したときに、参考として見ることもできます。正しい時の状態とトラブル時の状態を比較することで、どこが故障の原因かを早く究明できるわけです。

5-2　Ethernet

　Ethernetの規格はIEEE802.3と考えることが一般的です。つまり、Ethernetといった場合、通信の物理層とデータリンク層がIEEEの規格に合致してい

ることになります。

　産業用Ethernetでも、物理層とデータリンク層はEthernetを使いますが、それより上位の層については、TCP（またはUDP）/IPを用いるプロトコルもありますし、またその協会の独自規格で動くものもありますし、さらにTCP（またはUDP）/IPとその協会の規格が共存して動くものもあります。

　本項では、Ethernetを使った際のトラブルシューティングについて説明しますが、協会独自のプロトコルを使う産業用Ethernetはその協会がトラブルシューティングの方法を提供していることが多いといえます。

　したがって、本項では、一般的なTCP（またはUDP）/IPが動く環境でのトラブルシューティングについて主に説明します。

1．物理層のチェック

　ほとんどの産業用Ethernetでは、ケーブルの接続はスイッチ（またはハブ）を介在します。これはフィールドバスとの大きな違いです。フィールドバスの場合は、Daisy Chain（芋づる）方式での接続でしたので、1ヵ所のハードワイヤの不良がシステム全体の波形の品質に影響しました。ところが、スイッチが介在する産業用Ethernetでは、メッセージはスイッチのあるポートに入ると、そのスイッチが別のポートから出力します（Port-to-Port接続）。つまり、スイッチにより、ワイヤのハードが分断されているため、1ヵ所のハードワイヤの不良は該当するスイッチのポート間だけのエラーとなります。また、1本の線をポート間につなぐだけのため、反射波によるエラーもありません（**図5-2-1**）。

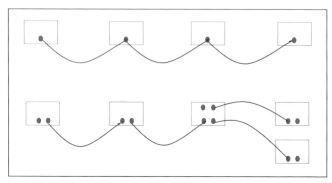

図5-2-1　Daisy chain（上）とPort-to-Port接続（下）

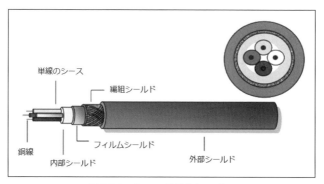

図5-2-2　シールド付きケーブル

　以上の理由で、産業用Ethernetはケーブルとスイッチの品質が安定していれば、配線に起因するエラーは発生しにくいともいわれています。
　ケーブルの品質を安定させるために、いくつかの協会ではシールド付きのEthernetケーブルの使用を推奨、または規格にしています（図5-2-2）。
　同時に産業用Ethernetケーブルのコネクタ取り付けは現場で行われることがあり、コネクタの間違った接続によるケーブルの導通の不具合が発生することがあります。
　したがって、使用するケーブルについては、敷設前に少なくてもケーブルチェッカーで導通の検査を済ませておくことが望まれます。
　波形とか電圧についてのチェックはオシロスコープを使いますが、波形の品質はスイッチの性能によることになりますので、信頼性のあるスイッチを使うことが前提です。

2．標準的な機能によるチェック

　産業用Ethernetを使うシステムで通信エラーが出た場合、不具合の発生した機器の場所を特定する必要があります。はじめに行うことは、エラーが発生したと考えられる機器に対して、pingコマンドでネットワーク上の存在を確認することです。pingコマンドはPCからコマンド入力することもありますし、ネットワーク管理のツールを使って、送ることもあります。
　さらに深くトラブルを解析するために、スイッチからの情報が有用になることがあります。現在、マーケットで販売されているスイッチは単にメッセー

ジの取り合いを行うだけでなく、以下のような診断機能をもったマネージドスイッチがあります。

（1）通信の速度、半二重／全二重の表示
（2）相手側ポートと通信ができているかの表示
（3）通信量、およびエラー通信個数の表示

このようなデータはWebブラウザ（インターネットエクスプローラ、Chrome等）によって表示できます（図5-2-3）。

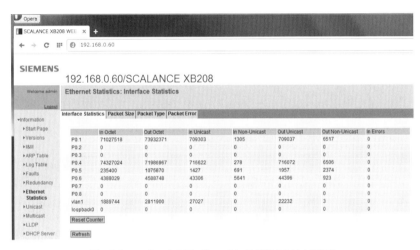

図5-2-3　スイッチの図（シーメンス社製SCALANCE）

また、接続されている相手側のポートからEthernet標準のLLDPメッセージを受け取り、そのメッセージ情報をMIBと呼ばれるデータベースに格納するスイッチもあります。MIBのデータはSNMPコマンドで読むことができますので、接続されているスイッチ内のMIBを順番に読めば、システム内の機器がどのような順番で接続されているかの情報（トポロジー）を得ることができます（図5-2-4）。

システムが正常に動作しているときに、LLDP、SNMPを使って、そのシステムの稼働状況（機器のモデル名、ベンダ名、バージョン、IPアドレス、

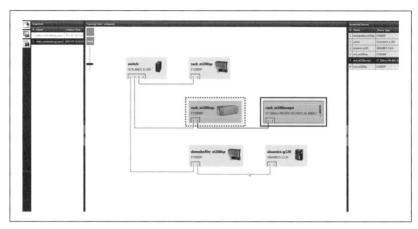

図5-2-4　トロポジ表示の例（シーメンス社製PRONETA）

MACアドレス、トポロジ、取り付け場所、運転開始日時等）を収集、保管しておくことが大切です。これらの情報の多くは機器の内部にあり通信を使って直接アクセスして収集できます。トラブルが起きた時には、正常時のシステムとトラブル時のシステムの比較ができますので、トラブル場所の特定と交換機器の特定が容易にできるようになります（**図5-2-4**）。

3．メッセージの監視

スイッチのポート間で流れているメッセージを監視する場合は、以下の方法があります。

(1) スイッチのミラーポートを使用し、特定のポートに入力される、または特定のポートから出力されるメッセージをあるポートから出力し、そのポートに監視機器をつなげる。
(2) タップといわれる機器をポート間に挿入して、メッセージを監視機器に渡す。
(3) ハブは1つのポートから入ったメッセージを全ポートに出力するので、ハブにメッセージを流す機器と監視する機器を同時につなげる。

監視機器としてはPCを使うことが多く、またメッセージの表示ソフトと

図5-2-5　Wiresharkの例

してはフリーソフトのWiresharkがよく使われます。Wiresharkはメッセージのデコード機能があります。産業用Ethernetの協会には、Wiresharkの団体に参加して、自分のプロトコルのデコード機能をWiresharkに提供している団体が多くあります。したがって、メッセージは単なるゼロイチデータの羅列としてではなく、意味をもった（説明された）メッセージとして表示されます（図5-2-5）。

4．おわりに

　筆者の経験では、産業用Ethernetのトラブルの多くはハードウェアの取付けミスより、システム設計の間違いから起きることが多いようです。

　たとえば、スイッチの段数、スイッチの選定（カットスルー、ストアアンドフォワード等）、ポート間の負荷の計算、産業用Ethernetに属さない機器（たとえばPCなど）の接続、シールドなしケーブルの選定などが間違いの原因です。

　多くの協会はその協会の産業用Ethernetを使うときのデザインガイドラ

インを発行していますので、トラブルを少なくするためには、そのガイドラインにしたがってシステムの設計を行うことを推奨します。

5-3 無 線

1．汎用性に優れた無線LAN技術

　産業界で使用される無線技術には、船舶で多く使用される長波（数kHz帯）、RFID、無線LANで使用される極超短波・マイクロ波（数GHz帯）から距離計測に使用される赤外線（数THz帯）など多くの種類があります。これらの周波数帯のほとんどは用途が決められているか各国の法律により使用制限がされており、グローバル化が促進されている中では生産設備に使用することには適していません。その中でISM帯（Industrial Scientific and Medical radio bands）は産業・科学・医療での使用を目的として各国で使用できる周波数帯となっており下記のような種類があります。

- 13.56MHz帯　　　RFIDなど
- 27.12MHz帯　　　ラジコンなど
- 40.68MHz帯　　　無線マイクなど
- 915MHz帯　　　　ZigBee、RFID、携帯電話など
- 2.4GHz帯　　　　電子レンジ、無線LAN、Bluetoothなど
- 5.8GHz帯　　　　DSRC、ETCなど
- 24GHz帯　　　　距離測位レーダーなど

　無線LANでは上記周波数のほか、5GHz帯（5.2GHz帯、5.3GHz帯、5.6GHz帯）が世界標準として定められています。このため、多くの産業用アプリケーションで無線LAN技術が利用されています。

　また、イーサネット技術は自動制御のインフラに利用されることから無線LANを利用した制御アプリケーションが多くリリースされています。その中には安全制御を無線で行っているアプリケーションも多くあり、日本国内でも運用されています。

203

ここでは無線LANを自動制御に利用する上で考慮すべきこと、運用時に行う管理および故障時の診断方法について解説します。

2．無線機器の設置

　無線機器はケーブルのような閉域ではなくオープンな空間で通信を行うため通信を行っている周波数と同じ周波数の電波が機器に影響を与えます。したがって通信機器または通信経路上で同じ周波数の電波が受信される場合に障害を起こします（電波干渉による影響）。

　このほかにも無線通信に障害を与える要因は複数あります。

- 反射による影響
- 障壁による影響
- フロアノイズによる影響

　さらに、無線電波はその伝達のために空間を広く使用（図5-3-1）するため見通しだけではない空間を用意する必要があります。

　これの影響による障害を防ぐためには無線設計時に次のことを実施することが必要です。

（1）現場で使用されている無線機器の調査
（2）現場のサイトサーベイ（スペクトラムアナライザによる調査）
（3）通信エリアの環境調査

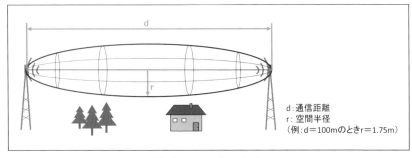

図5-3-1　フレネルゾーン

また、実際に機器を設置して電波強度、通信帯域（通信速度）およびエラーレートを測定し、エビデンスとして記録することが望まれます。AGVなどの移動体アプリケーションの場合はその経路上での状態を記録することでメンテナンス時のリファレンスとして使用することができます。

　アンテナの配置ではアンテナ固有の通信エリアと電波の偏波面を考慮する必要があります。指向性アンテナでは偏波面の向きが通信に大きな影響を与えます。

３．無線設備の運用管理

　無線電波は目で確認することができないため測定により可視化する必要があります。可視化の方法としては以下があります。

（1）電波強度
（2）通信品質（再送確認など）
（3）通信帯域（通信速度）

　これらのデータを定期的に確認することで現場の無線環境の変化を認識し、障害を未然に防ぐことが可能となります。ネットワークマネージメントソフトウェアやシステムログを使用して常時監視することも望まれます。無線環境は常に変化するため定期的な管理が必要であるとともに使用する周波数（チャネル）を一括して管理する必要があります。

　一般的に電波強度だけで無線通信の評価をすることがありますが、無線環境を正しく評価するためには電波の強度と品質の両方をモニターすることが望まれます。これは電波強度が良好な状態であっても反射によるエラー等によって再送が繰り返されることにより実際にはデータを伝送できない場合があるためです。図5-3-2は良好な強度であっても再送が多く発生している環境での実際の測定結果です。この図はクラアントでの測定結果（上部）とアクセスポイントでの測定結果（下部）で、それぞれ受信電波強度（緑）と再送回数（赤）を示しています。この図から電波強度が良好であっても再送回数が非常に多い部分があることがわかります。

　また、広いエリアで無線機を使用する場合、複数の無線機間の移り変わり

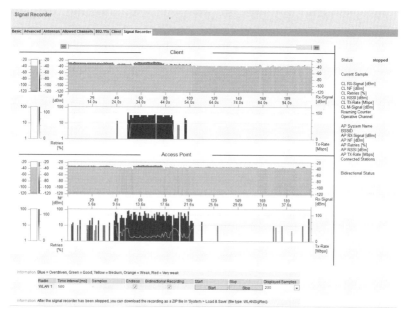

図5-3-2　電波強度と再送回数

(ローミング) を監視することも安定した通信を維持するために必要となり、ローミングの場所を管理することで異常を早期に検出することが可能となります。

おわりに

2011年にドイツ工学アカデミーにより、Industry4.0（第4次産業革命）のコンセプトが発表されました。

Industry4.0はCyber Physical System（CPS）の導入により、製造にかかわる生産、ロジスティック、マーケティング、サービスなどの情報を統合して処理することで、スマート工場を実現し、製造業の高度化をすすめる考えです。

Cyber Physical Systemの基本には、2000年ころからアメリカで提唱されたIoT（Internet of Things）あるいはIIoT（Industrial Internet of Things）があり、工場内の製造に関するあらゆる事象についてInternet（通信）を介して、まとめようとする意思があります。

製造業の高度化については、中国でも2015年に「中国製造2025」が提案され、日本でも政府の指導により「コネクテッドインダストリーズ（ConnectedIndustries）」、「Society 5.0（ソサエティー 5.0）」が議論されています。

実は、異なる機器またはコンピュータをネットワーク経由で接続させ、人間が直接手作業で行うより、早く、大量に、精度よく、また変化に対応できる製造システムを構築する試みは1980年代から始まっていました。

しかし、今までの試みの多くは現在時点での生産の最適化であり、時間軸を含めて(過去から将来にわたる)生産のスマート化はオートメーションの新しい目標といえるでしょう。

ご注目いただきたいのは、Industry4.0またはIIoTで目指すシステムのベースには工場で稼働する現場機器のデータ・情報を収集する工場現場のデジタル通信技術があることです。現場との正確なデータ・情報のやり取りができないと役に立つシステムは構築できません。本書では現在使用されている工場現場のデジタル通信技術、産業用ネットワークの説明をしてきました。

もちろん、デジタル通信技術は日々、年々進化、強化されてきています。たとえば、私たちが携帯電話で使う移動通信システムは、通信の能力をますます強化しています。総務省の2018年9月の発表によると第5世代移動通信

システム（5G）について2019年に実証実験を開始して、2020年には実用化が始まることになっています。

　移動通信システムは1980年代に1Gが使われはじめ、現在では4Gの時代となっています。1Gでは音声での通話が主な用途でしたが、4Gでは1Gbpsでの通信もできるので、私たちは街中で動画を視聴することもできるようになりました。

　5Gはこの4Gに比べて、以下の特徴をもつ通信と言われています。

- さらに高速（10 ～ 20Gbps）
- 低遅延（1msec以下）
- 多数同時接続（1平方キロメートル当たり100万台接続)

　5Gの仕様は2018年6月に3GPP（移動通信システムの規格策定を行う標準化団体）で主要規格の策定が終了したとのことです。

　このように移動体通信の能力が向上してくると、いままで民生用のマーケットだけを見ていた大手の携帯電話事業者の中でも「工場で使用する通信ネットワークも5Gですべてカバーできるのでは？」と考えられる方も出てくるようになりました。特に「IoTのベース技術は5Gになるのでは」と提案される方もいます。

　5Gの仕様だけを見るなら、おそらく現在の産業用ネットワークに使用してもほとんどのアプリケーションで問題なく適応できるでしょう。

　振り返ると、Ethernetのもとが軍事技術に使用されたARPANETであったように、今までは産業用または軍事用技術が民生技術へ転用されるケースが多かったのですが、これからは民生技術の能力向上が産業用・軍事用技術を上回り、民生技術を産業用に取り込むことが多くなるのではないかと思います。

　ただし、携帯の動画なら、途中で切れても「仕方がない」で終わるかもしれませんが、工場においては、データ通信が途切れることにより、品質の不具合、そして時には人間、設備、環境に悪影響を及ぼす恐れが出てくる場合があります。そのため、通信が継続的に実行されること、リアルタイム性が維持されること、そして不具合、トラブルが発生した場合は、すぐに発見でき、安全状態に移行でき、そして修理できることが産業用通信システムを使

う上でさらに重要になってきます。

　たとえば、人間が手で荷物を運ぶより、トラックを使って運んだ方がよりたくさんの荷物を一度に運べます。ただ、トラックも機械ですので故障して動かなくなることもあります。故障した時に、どのように、どこまでリカバリするか（別のトラックを用意できるか、他の輸送方法に振り替えることができるか、どこまで輸送を停止できるか、等）を故障前に決めておくべきです。

　運転のパフォーマンスも大事ですが、パフォーマンスを提供するシステムを常時、適正に管理できることが産業用としては必要です。

　大手の携帯電話事業者が言われるように、5Gが工場の通信システムとして使われるようになるかもしれません。その時でも、私たちは「お任せ」ではなく、Industry4.0、IIoTを支える産業用ネットワークを自分で管理できるようあり続けたいと考えています。

　読者の皆様が工場現場のデジタル通信技術、産業用ネットワークの導入検討、設計、運用、そして保全をされるとき、本書がご参考となれば幸いです。

索　引

あ

アセット管理 ……… 108, 125, 126, 132, 172

アナライザ ………………… 15, 28, 29, 204

インダストリー 4.0 ………………… 61, 134

エネルギー管理 ……………… 120, 121, 122

か

機器管理 …………………… 30, 84, 87

機器 DTM ……………………………… 129

ゲートウェイ ………………………

　　　36, 72, 88, 90, 126, 144, 145, 146,
　　　147, 148, 149, 150, 162, 174

国際電気標準会議 IEC ………………… 155

国立標準技術研究所 …………………… 154

コネクテッドインダストリー ……… 134, 207

さ

サイクリック伝送 ………………………

　　　19, 20, 22, 30, 34, 49, 63

シャフトレス ………………… 117, 119

情報処理推進機構 ……………………… 159

制御演算部 …………………… 101, 102

制御システムセキュリティセンター ………… 155

た

中国製造 2025 ………………… 134, 207

ディスクリート産業 ………… 102, 103, 104

デバイス管理 ……………………… 158

同期制御 ………… 43, 44, 66, 103, 119

トークン ………… 28, 48, 49, 50, 84, 98

独自バス ……………………………… 4

な

日本 OPC 協議会 ……………………… 181

日本電機工業会 …………………… 47, 50

は

パラメータ設定 …………… 125, 126, 132

ファクトリー・オートメーション ………

　　　5, 11, 95, 132, 189

ファンクションブロック ……………… 83, 98

フィールドコム・グループ …………… 81, 190

プログラマブル論理制御装置 ………… 154

プロセス・オートメーション ………

　　　5, 11, 81, 87, 95, 97, 98,
　　　102, 125, 129, 132, 189, 191

プロセス産業 …… 6, 26, 97, 102, 104, 190

プロファイル ………………………

　　　21, 29, 36, 40, 50, 54, 61, 62, 69, 70,
　　　73, 96, 97, 98, 121, 129, 132, 144

プロフィバス協会 ………………… 25, 29, 190

分散制御 …………………… 23, 53, 59

分散制御システム …………… 20, 53, 154

本質安全防爆 …………… 26, 97, 190, 191

ま

マイクロソフト …… 160, 161, 163, 165, 184

マスター・スレーブ方式 ………………

　　　18, 27, 28, 47, 53, 97

マネージドスイッチ …………………… 42, 200

モーション制御 ………………………

9, 30, 32, 52, 54, 104, 116, 117, 119, 150

A

AS-i ⋯⋯⋯ 11, 70, 71, 72, 73, 74

AS-Interface ⋯⋯⋯ 69, 70, 74, 77

Azure ⋯⋯ 160, 161, 162, 163, 164, 165

C

CAN bus ⋯⋯⋯ 6

CC-Link ⋯⋯ 5, 18, 19, 20, 21, 77, 139

CC-Link IE ⋯⋯⋯ 9, 18, 30, 31, 32, 33, 34, 35, 69, 77, 135

CC-Link 協会 ⋯⋯⋯ 18, 30, 35, 36

CIP ⋯⋯⋯ 23, 42, 43

CLPA ⋯⋯⋯ 18

CNS ⋯⋯⋯ 18

CPS ⋯⋯ 10, 178, 179, 180, 185, 207

CSSC ⋯⋯⋯ 155

D

Daisy Chain ⋯⋯⋯ 195, 198

DCS ⋯⋯⋯ 6, 11, 12, 82, 102, 103, 104, 129, 154, 157, 173

Deterministic 性 ⋯⋯⋯ 186

DeviceNet ⋯⋯⋯ 5, 23, 24, 42, 43, 69, 77, 135

E

E54.13 ⋯⋯⋯ 42

eCl@ass ⋯⋯⋯ 176

EDDL ⋯⋯ 85, 94, 95, 126, 127, 128, 131

Edgecross ⋯⋯⋯ 166, 168, 169, 170, 171, 185

Edgecross コンソーシアム ⋯⋯⋯ 50, 166, 167, 168, 170

EtherCAT ⋯⋯ 9, 36, 37, 40, 41, 77, 185

EtherCAT Technology Group ⋯⋯ 36

EtherNet/IP ⋯⋯⋯ 9, 23, 42, 43, 45, 59, 61, 77, 142, 158, 190

F

FDI ⋯⋯⋯ 85, 127, 128, 129, 130, 131, 132, 158, 176

FDT ⋯⋯ 90, 127, 129, 130, 131, 132, 158, 171, 172, 173, 174, 175, 176

FieldComm Group ⋯⋯⋯ 81, 85, 90, 95, 132, 176

Flexray ⋯⋯⋯ 187

FL-net ⋯⋯ 9, 46, 47, 48, 50, 51, 185

FOUNDATION Fieldbus ⋯⋯ 6, 12, 69, 81, 82, 83, 84, 85, 95, 128, 189

G・H

GB/T ⋯⋯⋯ 19, 25, 30, 64

GB/Z ⋯⋯⋯ 18, 110

HART ⋯⋯ 12, 69, 81, 84, 85, 87, 88, 91, 93, 94, 128

HART IP ⋯⋯ 84, 89, 90, 91, 92, 93, 190

I

IEC 61058 ⋯⋯⋯ 24

IEC 61131-3-3 ⋯⋯⋯ 110

IEC 61158 ⋯⋯⋯ 18, 25, 30, 42, 52, 58, 64, 85

IEC 61158-2 ⋯⋯ 6, 26, 95, 189, 190

IEC 61508 ⋯⋯ 41, 43, 61, 74, 109, 110

IEC 61784 ⋯⋯ 18, 25, 30, 52, 58, 64

IEC 61800-5-2 ⋯⋯⋯ 113

IEC 61800-7 ⋯⋯⋯ 58

IEC 62443 ⋯⋯⋯ 155

211

IEC 62591 ················· 88	JIS ················· 19
IEEE 1588 ············· 43, 65, 188	JIS B 3521 ············· 47, 50
IEEE 802.1 ········ 63, 65, 186, 187, 188	JIS TR B0031 ············· 19
IEEE 802.15 ············· 88	KS ················· 18, 19, 30
IEEE 802.3 ············· 48, 186, 188, 197	**M・N**
IIoT ······ 36, 88, 93, 176, 177, 207, 209	MECHATROLINK ········· 51, 52, 53, 56
Industrie 4.0 ············ 10, 53, 120, 177,	MECHATROLINK-4 ············· 53, 56
178, 183	MODBUS ················· 56, 57, 58, 185
INTERBUS ················· 6, 69, 77	MODBUS TCP ············ 9, 57, 77, 90
Internet of Things ···· 134, 153, 160, 207	Modicon 社 ················· 56
IO-Link ············· 11, 69, 75, 76, 77, 78,	MQTT ················· 150, 185
79, 80, 106, 132, 158	**N**
IoT ········ 15, 30, 42, 50, 53, 61, 62, 93,	NAMUR ················· 108
120, 134, 136, 140, 140, 153,	NE107 ················· 108
158, 159, 160, 161, 162, 163,	NEDO ················· 182, 183
164, 165, 166, 167, 168, 171,	NIST ················· 154
172, 183, 185, 207, 208	**O**
IPA ················· 159	ODVA ················· 23, 42, 61, 190
ISA100 ················· 128	ONVIF ················· 144
ISA95 ················· 172	OPC ············ 35, 36, 90, 173, 177,
ISM 帯 ················· 203	178, 180, 181, 185
ISO 134849 ················· 74	OPC Foundation ················· 00
ISO 13849-1 ············· 24, 43, 110	OPC UA ···· 36, 59, 61, 62, 80, 128, 150,
ISO 15745-4 ················· 50	173, 176, 177, 178, 179, 180, 185
ISO/IEC 27000 ················· 154	ORiN ················· 181, 182, 183, 184, 185
J・K	**P**
JEM 1479 ················· 47, 50	PI ············ 25, 35, 36, 64, 65, 121
JEM 1480 ················· 50	PLC ············ 3, 6, 9, 11, 12, 18, 24, 30,
JEMA ················· 47, 50	43, 46, 56, 57, 76, 98, 102, 103,
JEM-TR 214 ················· 50	104, 107, 115, 122, 133, 135, 138,
JEM-TR 231 ················· 50	139, 145, 154, 157, 182, 184

PNO 25

PoE 142

Port-to-Port 接続 198

Powerlink 77

PROFIBUS 5, 6, 25, 27, 28, 29, 35,
64, 65, 66, 77, 95,
110, 126, 128, 135

PROFIBUS PA 6, 12, 26, 95,
96, 97, 98, 189

PROFINET 9, 25, 29, 35, 36, 64, 65,
66, 67, 68, 69, 77, 95, 96,
97, 98, 106, 110, 115, 121,
122, 142, 158, 190

Proprietary network 3

R・S

RS-232C 134, 148

RS-485 .... 6, 9, 148, 189, 194, 195

SEMI E54 .... 18, 30

Sercos 40, 58, 60, 61, 62, 63

Sercos Ⅲ 9, 63, 77

Society 5.0 .... 168, 207

T

TSN 32, 33, 61, 63, 69, 186,
187, 188, 189

W

WIB 127

213

産業用ネットワークの教科書

IoT 時代のものづくりを支えるネットワークと関連技術

2019年1月30日　初版発行

産業オープンネット展準備委員会 編

発行人　　分部康平

発行所　　産業開発機構株式会社

映像情報インダストリアル編集部

〒111-0053

東京都台東区浅草橋2-2-10　カナレビル

TEL. 03-3861-7051　（代）

FAX. 03-5687-7744

印刷　　神谷印刷株式会社

落丁・乱丁本は、送料小社負担にてお取り替えいたします。

定価はカバーに記載されております。

本書の一部または全部を著作権法の定める範囲を超え、無断で複写、転写、テープ化、ファイル化することを禁じます。

ISBN978-4-86028-318-6